秋山久美子著

都会の草花図鑑

八坂書房

はじめに

コンクリートやアスファルトに覆われた都会には、見るべき自然がないと考えている人が多いのではないでしょうか。二十数年前の私はそうでした。植物に深く親しむようになったのは、三〇年以上前に奥多摩の川苔山植物調査に参加してからです。緑被率が東京二三区内で最も低いとされた区に住んでいましたので、深い森林のある奥多摩は憧れの場所でした。調査は高尾山、小下沢と続いて行われ、緑いっぱいの中で自然を満喫しました。しかし、その当時は、都会の公園や民家の庭などに植えられている植物に対してほとんど無関心でした。自分ではあまり意識していなかったのですが、心の中で都会にはあまり見るべき自然がないと思っていたのかもしれません。山野に自生する植物から都会に生育する植物に目を向けるようになったのは東京都北区の植物調査員として区内を歩いたことがきっかけでした。できたばかりの美しいデザインの都市公園、古くからある小さな公園、家が密集する路地、民家の庭、車の排気ガスで息が詰まりそうな幹線道路沿いに多くの植物が見られたことは、都会に生きる植物を見直す機会になりました。葉には虫食いの穴があり、草をかき分ければ小さな虫が動きまわり、虫をくわえた小鳥がいて、大都会にも豊かな自然の営みがありました。

都会にはいろいろな国の人がいます。同じように、植物にもいろいろな国から来たものがあり、外来種、野生化した園芸種、在来種など多種多様な植物があります。気になっていた植物の名前を調べてわかったときは友人が一人増えたように嬉しいものです。人と人とが友達になる一歩目は相手の名前を知ること。植物も同じです。名前がわかればさらに親しみが増し、さらに深く知りたくなることでしょう。

このシリーズの図鑑は「身近な植物をじっくりみつめる」ことを目的に編集されたものです。

『都会の草花図鑑』では、家のまわりや道端、空き地など身近な場所で見られる草花の中から三〇〇種あまりを取りあげて、写真と短い解説を添えて紹介しています。写真は花を中心に特徴的な葉や果実、根などの写真も収録してあります。実物と見比べながら名前探しができるように多くの写真を入れようと心がけたつもりです。解説は、植物の形のほか、興味深いエピソードや、名前の由来、私たちの暮らしとのかかわりなどを簡潔にまとめました。草丈、葉や花の大きさなどは、写真の下の説明に、分布地や主に目にする場所、花や果実の時期については、それぞれの解説の後に見やすくまとめてあります。

都会に生育する植物はあまりにも多すぎてここに掲載した数では到底足りませんが、よく見る植物や観察会などで名前を聞かれることが多い植物などを選びました。花の色や形、葉の形などを手がかりに、まずは植物の名前を覚えることから始めてみましょう。見たことのある花を見つけたら、どこから読み始めても構いません。この図鑑が身近な植物やそれを取り巻く生き物たちとさらに親しくつき合うきっかけになれば幸いです。

二〇〇六年　初夏

著者

目次

・ここでは本巻に見出しとして掲げた植物名を、収録順に、科ごとにまとめて示した。
・別名や古名、解説文中に出てくる植物名などを含めた総索引は巻末を参照されたい。

ドクダミ科
ドクダミ　10
ハンゲショウ　11
ハス科
ハス　12
キンポウゲ科
ニリンソウ　13
オダマキ　14
セリバヒエンソウ　15
フクジュソウ　16
メギ科
イカリソウ　17
ケシ科
ムラサキケマン　18
ケマンソウ　18
クサノオウ　19
ナガミヒナゲシ　19
タケニグサ　20
クワ科
カナムグラ　21
イラクサ科
カラムシ　22
ヤマゴボウ科
ヨウシュヤマゴボウ　23
オシロイバナ科
オシロイバナ　24
アカザ科
アカザ　25
コアカザ　25
ケアリタソウ　26
ヒユ科
ヒナタイノコズチ　27
イヌビユ　28
ノゲイトウ　29
ケイトウ　29
スベリヒユ科
スベリヒユ　30
ハゼラン　31
ツルナ科
ハナヅルソウ　32
マツバギク　33
ツルムラサキ科
ツルムラサキ　34
ナデシコ科
コハコベ　35
ウシハコベ　35
オランダミミナグサ　36
ツメクサ　37
カワラナデシコ　38
スイセンノウ　38
ムシトリナデシコ　39
サボンソウ　39
タデ科
ヒメスイバ　40
スイバ　41
エゾノギシギシ　42
ギシギシ　43
ミチヤナギ　44
ミズヒキ　45
イシミカワ　46
ミゾソバ　47
アキノウナギツカミ　48
オオケタデ　49
イヌタデ　50
オオイヌタデ　50
ヒメツルソバ　51
ツルドクダミ　51
イタドリ　52
シャクチリソバ　53
ボタン科
シャクヤク　54
オトギリソウ科

コゴメバオトギリ　55

アオイ科

タチアオイ　56
ゼニアオイ　57

スミレ科

スミレ　58
ヒメスミレ　59
コスミレ　59
アメリカスミレサイシン　60
タチツボスミレ　61
ツボスミレ　61
パンジー　62

ウリ科

アレチウリ　63
カラスウリ　64
キカラスウリ　65

シュウカイドウ科

シュウカイドウ　66

フウチョウソウ科

クレオメ　67

アブラナ科

ナズナ　68
マメグンバイナズナ　68
ナノハナ　69
オランダガラシ　70
ショカツサイ　71

ベンケイソウ科

コモチマンネングサ　72
メキシコマンネングサ　73

ユキノシタ科

ヒマラヤユキノシタ　74
ユキノシタ　75

バラ科

オヘビイチゴ　76
ヘビイチゴ　77

マメ科

シナガワハギ　78
コメツブツメクサ　79
シロツメクサ　80
ムラサキツメクサ　81
ゲンゲ　82
ヌスビトハギ　83
ヤハズソウ　83
カラスノエンドウ　84
ナヨクサフジ　85
クズ　86
ツルマメ　87
ヤブマメ　87

アカバナ科

コマツヨイグサ　88
メマツヨイグサ　89
ヒルザキツキミソウ　90
ユウゲショウ　91
ヤマモモソウ　92

トウダイグサ科

エノキグサ　93
オオニシキソウ　94
コニシキソウ　95

ブドウ科

ノブドウ　96
エビヅル　96
ヤブガラシ　97

カタバミ科

イモカタバミ　98
ムラサキカタバミ　98
カタバミ　99

フウロソウ科

ゼラニウム　100
アメリカフウロ　101
ゲンノショウコ　102

ツリフネソウ科

ホウセンカ　103
ツリフネソウ　103

セリ科

セリ　104
オヤブジラミ　105

サクラソウ科

コナスビ　106
サクラソウ　107

リンドウ科

アサザ　108
コケリンドウ　109

キョウチクトウ科

ツルニチニチソウ　110

ガガイモ科

ガガイモ　111

ナス科

ヒヨドリジョウゴ　112
イヌホオズキ　113
ワルナスビ　114
ホオズキ　115
ケチョウセンアサガオ　116

ヒルガオ科
ヒルガオ 117
コヒルガオ 117
ホシアサガオ 118
マメアサガオ 118
マルバルコウソウ 119
ハナシノブ科
シバザクラ 120
ムラサキ科
コンフリー 121
キュウリグサ 122
ワスレナグサ 122
ハエドクソウ科
ハエドクソウ 123
シソ科
キランソウ 124
セイヨウキランソウ 125
ハナトラノオ 126
カキドオシ 127
ホトケノザ 128
ヒメオドリコソウ 129
オオバコ科
オオバコ 130
ヘラオオバコ 131
ツボミオオバコ 131
ゴマノハグサ科
ツタバウンラン 132
マツバウンラン 133
ヒメキンギョソウ 133
タチイヌノフグリ 134
フラサバソウ 134
オオイヌノフグリ 135
ビロードモウズイカ 136
トキワハゼ 137
ウリクサ 138
ハマウツボ科
ヤセウツボ 139
キツネノマゴ科
アカンサス 140
キツネノマゴ 140
キキョウ科
ヒナキキョウソウ 141
キキョウソウ 141
キキョウ 142
ホタルブクロ 143
アカバナ科
ヤエムグラ 144
ハナヤエムグラ 144
アカネ科
ヘクソカズラ 145
オミナエシ科
オミナエシ 146
キク科
ブタクサ 147
オオブタクサ 147
アメリカセンダングサ 148
オオキンケイギク 149
コスモス 150
キバナコスモス 150
ハキダメギク 151
イヌキクイモ 152
オオハンゴンソウ 153
オオオナモミ 154
ノボロギク 155
シオン 156
ノコンギク 156
ミヤコワスレ 157
ツワブキ 158
フキ 159
オオアレチノギク 160
ヒメムカシヨモギ 161
ペラペラヨメナ 162
ハルジオン 163
ヒメジョオン 163
セイタカアワダチソウ 164
ヨモギ 165
フランスギク 166
ウラジロチチコグサ 167
ハハコグサ 168
チチコグサ 168
ミズヒマワリ 169
ヤグルマギク 170
ブタナ 171
オニタビラコ 172
オニノゲシ 173
ノゲシ 173
オオジシバリ 174
ニガナ 175
タンポポ 176
サトイモ科
セキショウ 178
ウラシマソウ 179

カラスビシャク 180
ツユクサ科
ヤブミョウガ 181
ツユクサ 182
トキワツユクサ 183
ムラサキツユクサ 183
イグサ科
クサイ 184
スズメノヤリ 185
カヤツリグサ科
ハマスゲ 186
ユメノシマガヤツリ 186
サンカクイ 187
フトイ 187
イネ科
コバンソウ 188
カモガヤ 188
ネズミムギ 189
スズメノカタビラ 190
スズメノテッポウ 191
カラスムギ 192
カナリークサヨシ 193
カニツリグサ 194
アシ 195
カモジグサ 196
イヌムギ 196
カゼクサ 197
オヒシバ 198
メヒシバ 198
シマスズメノヒエ 199
ネズミノオ 199
シバ 200
チカラシバ 200
エノコログサ 201
メリケンカルカヤ 202
チガヤ 203
ススキ 204
ケチヂミザサ 205
ジュズダマ 206
ガマ科
コガマ 207
ミズアオイ科
ホテイアオイ 208
ユリ科
ヤブラン 209
ジャノヒゲ 210
タイワンホトトギス 211
ノカンゾウ 212
ヤブカンゾウ 213
オオバギボウシ 214
キダチアロエ 215
ニラ 216
ハナニラ 216
アガパンサス 217
カタクリ 218
オニユリ 219
ヤマユリ 220
タカサゴユリ 221
ツルボ 222
ドイツスズラン 223
ハラン 224
キチジョウソウ 225
オモト 226
ヒガンバナ科
オオバナクンシラン 227
スイセン 228
ヒガンバナ 229
キツネノカミソリ 230
ナツズイセン 231
タマスダレ 232
アヤメ科
シャガ 233
カキツバタ 234
アヤメ 235
ノハナショウブ 236
ハナショウブ 236
キショウブ 237
ジャーマンアイリス 238
ニワゼキショウ 239
ヒメヒオウギズイセン 240
ヤマノイモ科
ヤマノイモ 241
ラン科
キンラン 242
ネジバナ 243
シラン 244
エビネ 245
マヤラン 246
シュンラン 247
参考図書 248
索引

都会の草花図鑑

ドクダミ　多年草。茎は高さ20-50㎝。葉は互生、長さ3-8㎝。花穂は長さ1-3㎝。花には花弁がない。
写真：右＝花時、左＝総苞片の数が多くなった園芸品

ドクダミ

蕺・蕺草／別名ジュウヤク・ドクダメ
ドクダミ科
Houttuynia cordata

湿り気のある日陰地に群生し、根茎を伸ばして殖える。小さな花には花弁がなく花穂の下の4枚の総苞片《そうほうへん》が白く目立つ。果実はほぼ球形で、熟すと裂けて細かい種《たね》を散らす。薬草として古くから親しまれ、民間薬では10種の薬効があるという意味から「十薬」の名がある。花期に採取し乾燥したものを煎じて用い、生の葉は腫れ物などに効くという。特有の強い臭気を嫌う人は多いが、冷蔵庫に入れると消臭効果がある。ドクダミの名は毒や痛みに効くので「毒痛み」、あるいは特有の臭気がするので何か毒でも入っているのかという意味の「毒溜め」が変化したといわれる。

◇**分布**　本州～沖縄、台湾、中国、ヒマラヤ、東南アジア
◇**よく見る場所**　湿り気のある日陰の場所
◇**花・果実の時期**　6～7月、全体に臭気がある

ハンゲショウ　多年草。茎は高さ60-100㎝。葉は互生、長さ5-15㎝幅4-9㎝。花穂は長さ10-15㎝。果実は球形。写真：花時

ハンゲショウ

半夏生／別名カタシログサ・オシロイカケ
ドクダミ科
Saururus chinensis

水辺や湿地に生え、庭や公園などに植えて観賞もされる。葉は5本の脈が目立ち、花の頃になると花穂に接する下半分が白色に変わり、花が終わると葉の色は徐々に緑色に戻る。花は小さく花弁を欠き多数が穂状に集まって咲く。花穂の先は初め垂れているが、花が下から上へ咲き進むにしたがい立ち上がる。全草に臭気がある。暦の七二候のひとつ半夏生《はんげしょう》（夏至から11日目）の頃に咲くのでこの名がある。葉の半分が化粧したように白くなるので「半化粧」とも書く。葉の表面半分が白く、裏は緑色のままなのでカタシログサ（片白草）とも呼ばれ、ハンゲグサ、オシロイカケの名もある。

◇**分布**　本州～沖縄、朝鮮、中国、フィリピン
◇**よく見る場所**　庭・公園、湿り気のある場所
◇**花・果実の時期**　6～8月、全体に臭気がある

ハス　多年草。葉は長い柄があり、径30-50㎝。花は径12-20㎝。写真：大賀ハス、右上＝花時、右下＝新葉、左上＝花、左下＝水面に散る花弁

ハス

蓮／別名ハチス・レンゲ・ツマナシグサ
ハス科
Nelumbo nucifera

古くインドから中国を経て、日本に入ったとされるが、京都府の洪積層から果実の化石が出土しているため日本自生説もある。花は夏の早朝に開き、午後3時近くに閉じる。これを繰り返して4日目に散る。花托《かたく》に雌しべが多数埋まり、柱頭が外に突き出て、花托の上は粘液でぬるぬるしている。果実が実ると、花托が蜂の巣のようになるので蜂巣《はちす》と呼ばれこれがハスになったという。2000年前の地層から出土した種《たね》を開花させた「大賀ハス」は各地で観賞用に栽培される。地下茎（蓮根）は野菜として食卓にのぼり、特に正月料理に欠かせない。種《たね》は滋養・強壮薬に用いる。

◇由来　オーストラリア〜アジア南部・南東部、ヨーロッパ南東部原産
◇よく見る場所　池・水田・沼・城のお濠
◇花・果実の時期　7〜8月、

ニリンソウ　多年草。花茎は高さ15-30㎝。葉は径4-10㎝。花は径2㎝ほど。果実は2.5㎜ほど。写真：花時

ニリンソウ

二輪草／別名ガショウソウ・フクベラ・フクベライチゲ
キンポウゲ科
Anemone flaccida

林の中や縁、藪の中などのやや湿り気の多い半日陰に生える。太い地下茎の先から長い柄のある葉を伸ばす。根もとから花茎が伸びて、途中に柄のない3枚の葉が輪生する。花には花弁がなく、白色の萼片《がくへん》が花弁のように見える。まれに萼片が緑色に変わったものが見つかる。中国では「林蔭銀蓮花《りんいんぎんれんか》」と書き、地下茎を乾燥したものを「地烏《じう》」と呼んでリウマチの薬に用いるという。若葉は山菜料理にするが、有毒植物のヤマトリカブトと間違えて死亡事故を起こすことがあるので注意したい。ニリンソウの名は花が2輪咲くという意味だが、2輪とは決まっていない。

◇分布　北海道～九州、樺太、朝鮮、中国北部・東部～ウスリー
◇よく見る場所　公園・庭
◇花・果実の時期　4～5月

オダマキ　多年草。茎は高さ40㎝ほど。葉は3出複葉。花弁は長さ1-1.5㎝。写真：右＝オダマキの花時、左上＝セイヨウオダマキ、左下＝カナダオダマキ

オダマキ

苧環／別名イトクリ・イトクリソウ
キンポウゲ科
Aquilegia flabellata

高山に生えるミヤマオダマキを改良してつくられた園芸種で、庭や公園などで栽培され、まれに人家のまわりなどに野生状態のものが見られる。花の色は青紫色、白色、淡紅色などある。花弁は5個あり後の方が細く管状に長く突き出て先が強く内側に曲がる。管状の部分に蜜が入っている。オダマキの仲間には庭などに栽培されるものも多い。ヨーロッパ原産のセイヨウオダマキは草丈60 cm前後で、花色も赤、桃、白、黄など多彩。アメリカ北部原産のカナダオダマキは朱赤色と黄色の複色の花をつける。苧環《おだまき》は機織に使う糸巻きのことで、花の形を見立てて名づけられた。

◇**由来**　オダマキはミヤマオダマキから改良された園芸種、栽培品は交雑種が多い
◇**よく見る場所**　公園・庭
◇**花・果実の時期**　4～5月、セイヨウオダマキは6月頃

セリバヒエンソウ　一年草。茎は高さ15-40（-80）cm。葉は3出複葉、小葉は長さ5-11cm。花は長さ1-2cm。果実は長さ1-1.6cm。写真：上＝花時、右下＝果実

セリバヒエンソウ

芹葉飛燕草
キンポウゲ科
Delphinium anthriscifolium

草地、公園などに生える帰化植物で、明治時代に日本に入り、東京都、埼玉県、神奈川県に分布している。30年近く前は少なかったが、急速に広がり、わざわざ遠くまで出かけていかなくても見られるようになった。今後、さらに分布域を広げることであろう。萼片《がくへん》も花弁も淡紫色。萼片は5枚、上方の1枚は後方に細長く筒状に伸びて距《きょ》になる。花弁は4枚あり、上側の2枚には中央部に白い色が太く入る。果実は熟すと裂けて小さな種《たね》が飛び散る。和名は花の形をツバメが飛ぶ姿にたとえ、葉の形がセリに似ていることからつけられた。特徴のある形に着目すると名前を覚えやすい。

◇由来　中国原産、東京・埼玉・神奈川に多い
◇よく見る場所　公園・草地
◇花・果実の時期　3～5月

フクジュソウ　多年草。茎は高さ15-30㎝。葉は羽状に細かく裂ける。花は径3-4㎝。果実は長さ4-5㎜。
写真：右上＝花時、左下＝早春の花

フクジュソウ

福寿草／別名ガンジツソウ・チョウジュソウ・シカギク
キンポウゲ科
Adonis amurensis

山野の木陰に生える多年草。正月の鉢物にされ、庭や公園などでも栽培される。自生地では花の盛りに大勢の人が訪れる。葉が広がってから花が咲いていると、正月頃に咲く姿とあまりに違い、何の花かと問われることがある。花は日が当たると開き夕方閉じ、日差しのない日はほとんど閉じたまま。花弁がパラボラアンテナのように開いて中心にある多数の雄しべと雌しべに陽光の温もりが集まる仕組み。花に蜜はなく、蜜を求めて訪れた昆虫は体が温まって動きが活発になり花粉を運んでくれる。元旦草《がんじつそう》、長寿草《ちょうじゅそう》などの別名もあり、お目出度い花だが有毒植物である。

◇**分布**　北海道～九州、朝鮮、中国東北部、シベリア東部
◇**よく見る場所**　公園・庭
◇**花・果実の時期**　3～4月

イカリソウ　多年草。茎は高さ20-40㎝。葉は3出複葉、小葉は9個、長さ3-10㎝幅2-6㎝。花弁の距は長さ1.5-2㎝。果実は卵形。写真：右＝花時、左下＝白花のイカリソウ

イカリソウ

碇草・錨草／別名イカリグサ
メギ科
Epimedium grandiflorum

山の木陰に生え、庭や公園などでも栽培される。葉柄の先が3つに枝分かれし、それぞれの枝の先から3つの柄が伸びて各柄の先に左右がややゆがんだハート形の葉が1枚ずつつく。3つの枝に9枚の葉がつくので「三枝九葉草」とも呼ばれる。花には萼片《がくへん》8個、花弁4個があり、ともに淡紅紫色まれに白色、4個の萼片は開花するときに落ちる。花弁は先が長い管状に細くなり内側に曲がる。この花の形を船の碇に見立てて名づけられた。種《たね》にアリの好物の多肉質の付属物があり、アリによって離れたところに運ばれる。漢方では「淫羊《いんよう》かく」と呼び、古くから強壮・強精薬とされる。

◇**分布**　北海道西南部～九州
◇**よく見る場所**　公園・庭
◇**花・果実の時期**　4～5月

ケマンソウ　多年草。茎は高さ40-60cm。葉は長さ20cmほど、羽状に裂ける。花は長さ3cmほど。写真：左下＝花時

ムラサキケマン　二年草。茎は高さ20-50cm。葉は3出複葉で細かく裂ける。花は長さ1.2-1.8cm。果実は長さ1.5cm。写真：右＝花時、左上＝花

ムラサキケマンとケマンソウ

紫華鬘／別名ヤブケマン、華鬘草／別名タイツリソウ
ケシ科　ムラサキケマン *Corydalis incisa*
ケマンソウ *Dicentra spectabilis*

やや湿り気のあるところに生える二年草。花は紅紫色まれに白色。花弁は4個で、上側の1個の花弁は後ろが袋状の距《きょ》になって突き出て、内側の2個は先端がくっついている。萼片《がくへん》はごく小さい。果実は熟しても緑色で何かに触れると突然裂けて果皮が巻き返り、黒い種《たね》を弾き飛ばす。種にはアリが好む柔らかな白い付属物があり、アリによって運ばれる。和名は紫色のケマンソウの意味。ケマンソウは淡紅色の花が垂れ下がってつく様子を仏堂の欄間飾りの華鬘《けまん》に見立てて名づけられた。花を鯛に見立ててタイツリソウ（鯛釣草）ともいわれ、古くから庭などで栽培される。

◇**分布**　ムラサキケマンは北海道〜沖縄、台湾、中国、ケマンソウは朝鮮、中国原産
◇**よく見る場所**　公園・庭・草地・道端
◇**花・果実の時期**　4〜6月、ケマンソウは5〜6月

ナガミヒナゲシ　一〜二年草。茎は高さ10-60㎝。葉は羽状に深く裂ける。花は径5㎝ほど。果実は長さ1.5㎝ほど。写真：左＝花時

クサノオウ　二年草。茎は高さ30-40㎝。葉は長さ7-15cm幅5-10㎝。花弁は長さ1-1.2㎝。果実は長さ3-4㎝。写真：右＝花時

クサノオウとナガミヒナゲシ

草黄・草王／別名タムシグサ、長実雛罌粟
ケシ科　クサノオウ *Chelidonium majus* var. *asiaticum*
ナガミヒナゲシ *Papaver dubium*

クサノオウは野原、林の縁、石垣の上、道端などに生え、全体に白い毛が密生し白っぽく見える。茎や葉を切ると黄色の汁が出るので「草の黄」、黄色の汁が湿疹に効くので「瘡《くさ》の王」などから名づけられたという。タムシグサ、ヒゼングサ、イボクサなどの地方名があり手近な民間薬とされていたのだろうか。種《たね》の端にアリの好物の付属物がつく。

ナガミヒナゲシは一九六一年に報告された帰化植物で、強い繁殖力で全国に野生化した。蕾《つぼみ》のときは2個の萼片《がくへん》に包まれ下向き、花が開くと上を向く。果実は熟すと円盤の下にすき間ができ、ごく小さな種《たね》がこぼれ落ちる。

◇分布　クサノオウは北海道〜九州、東アジア、ナガミヒナゲシはヨーロッパ原産
◇よく見る場所　草地・荒れ地・人家の周辺
◇花・果実の時期　5〜9月、ナガミヒナゲシは春〜夏

タケニグサ　多年草。茎は高さ1-2m。葉は互生、長さ20-40㎝幅15-30㎝。萼片は長さ1㎝ほど。果実は長さ2-3㎝幅0.5㎝。写真：右＝花時、左＝花序、下の方は果実になっている

タケニグサ

竹似草／別名チャンパギク・オオカミグサ・ササヤキグサ
ケシ科
Macleaya cordata

タケニグサの葉は巨大なキクの葉に似て裏に縮れた細かい白い毛が密生する。夏頃、大きな花序に多数の花が咲く。花には花弁がなく、萼片《がくへん》も開花と同時に落ちて、多数の雄しべと1個の雌しべが残る。雄しべの葯《やく》は黄色がかった白色で遠くからは煙ったように見える。和名は茎が中空で竹に似ていることからつけられたという。別名チャンパギク（占城菊）はチャンパから渡来した菊の意味だが、日本の在来種。チャンパは一五世紀頃までメコン川下流付近にあった国の名。茎や葉を切ると黄色の汁が出る。有毒だが害虫駆除に用いた。日本では見向きもされないが、欧米では園芸植物として栽培される。

◇分布　本州〜九州、台湾、中国
◇よく見る場所　日当たりのよい荒れ地・道端
◇花・果実の時期　7〜8月

カナムグラ　つる性の一年草。葉は対生、長さ5-12㎝、掌状に5-7つに裂ける。雌雄別株。雌花は10個ほどが球状に集まり、雄花は円錐形の花穂をつくる。果実は径4-5㎜。写真：花時

カナムグラ

葎草・鉄葎
クワ科
Humulus japonicus

道端、空き地に普通に生えるつる植物。空家の庭に生えて、家に這《は》いのぼり窓を覆いつくす勢いで繁茂しているのを見て驚いたことがある。茎や葉柄に下向きの刺《とげ》があり、ほかの物に引っかかりながら伸びたり巻きついたりする。葉は表面に粗い毛がありかなりざらつく。雌雄別株。雌花は苞葉《ほうよう》に包まれ10個前後が球状に集まって垂れ下がり葉の下になって目立たない。雄花は葉の上に高く突き出て茎にまばらに下向きにつき、目立つ。雄しべが長く垂れ下がり風にゆれて花粉を散らし、雌しべの先端は毛が多く、風に運ばれた花粉をとらえる。和名は茎が強くよく茂ることから名づけられたという。

◇分布　北海道〜沖縄、台湾、中国
◇よく見る場所　道端・空き地
◇花・果実の時期　9〜10月

カラムシ　多年草。茎は高さ1-1.5mほど。葉は互生、長さ10cmほど。雌雄同株。花穂は長さ10cmほど。果実は長さ0.8mmほど。写真：右上＝雌花、右下＝雄花、左上＝草姿、左下＝花時

カラムシ

茎蒸・苧麻／別名クサマオ・シロウ・チョマ
イラクサ科
Boehmeria nipononivea

人家付近の道端や空き地に生える多年草。葉は大きさの揃った鋸歯《きょし》があり、表面はざらつき、裏面に白い綿毛が密生して白く見える。雌雄同株。雌花序は茎の上の方につき、雄花序は茎の下の方につく。古代から茎の繊維を織物の材料にしていた。から（茎の意味）を蒸して表皮をはぎ、繊維を採ることからカラムシと呼ばれる。繊維は長く丈夫でそのうえ白いので、越後上布を初め上等な織物の材料に利用されている。同じ仲間のナンバンカラムシも繊維を採るために栽培されていたものが野生化している。カラムシによく似ているが、こちらは茎や葉柄に灰白色の粗い毛があり、全体に大型になる。

◇**分布**　本州～沖縄、アジア東部～南部
◇**よく見る場所**　道端・空き地・人家の周辺
◇**花・果実の時期**　7～9月

ヨウシュヤマゴボウ　多年草。茎は高さ0.7-2.5m。葉は互生、長さ5-30㎝幅2.5-13㎝。花穂は長さ6-21㎝、花は径4-6㎜。果実は径8㎜ほど。写真：右上＝花時、左下＝果実

ヨウシュヤマゴボウ

洋種山牛蒡／別名アメリカヤマゴボウ
ヤマゴボウ科
Phytolacca americana

荒れ地、空き地、公園などで見られる帰化植物。明治初期に渡来した。黒紫色に熟した果実をつぶすと紅紫色の果汁が出るので、アメリカではインクベリーという。茎は太く、紅紫色。花は長い穂状につき、基部から先端に向かって咲き進む。花弁はなく、わずかに紅色を帯びた花弁状の萼片《がくへん》がある。果実は10個が互いにくっついて1つに見える。根、葉、茎に有毒成分を含むが、果実に毒性はない。中国原産で食用となるヤマゴボウと間違えて、若い茎や葉を山菜料理にして食べ中毒を起こす例がある。ヤマゴボウの茎や枝は明るい緑色で、果実は8個に分かれる。都会ではほとんど見られない。

◇**由来**　北アメリカ原産、日本全土に見られる
◇**よく見る場所**　荒れ地・空き地・公園
◇**花・果実の時期**　6〜10月

オシロイバナ　多年草。茎は高さ1mほど。葉は対生、長さ3-10cm幅3-8cm。花は長さ2.5-5cm。果実は長さ5-8mm。写真：花時

オシロイバナ

白粉花／別名オシロイソウ・ユウゲショウ
オシロイバナ科
Mirabilis jalapa

江戸時代中頃に渡来し庭などで栽培され、暖地では野生化している。夏の終わりから秋にかけて、午後3時過ぎ頃になるとよい香りの花が開き、翌朝にしぼむ。花の姿が見えない暗い中でも化粧品のような香りが漂い花のありかを知らせている。別名の夕《ゆう》化粧《げしょう》や英名のフォークロックは夕方に花が開く性質から。花の色は淡紅色、紅紫色、黄色、白色、絞り模様など多彩。花弁のように色づくのは萼片《がくへん》で、緑色の萼片に見えるのは苞葉《ほうよう》。果実は球形で黒く熟し、つぶすと中の胚乳が白い粉のようになって出てくる。和名はこれを白粉に見立ててつけられた。白い粉を鼻すじや顔につけたりして子供の遊びに使われる。

◇**由来**　熱帯アメリカ原産、日本全土に見られる
◇**よく見る場所**　道端・空き地・河川敷
◇**花・果実の時期**　夏の終わり〜秋、よい香りがある

コアカザ　一年草。茎は高さ30-60㎝。葉は互生、長さ2-5㎝幅1-3㎝。花には花弁がない、萼片は長さ1㎜ほど。写真：左＝花時

アカザ　一年草。茎は高さ0.5-1.5m。葉は互生、長さ3-6㎝。花には花弁がない、萼片は長さ1㎜ほど。写真：右上＝花時、右下＝新葉

アカザとコアカザ

藜、小藜
アカザ科　アカザ *Chenopodium centrorubrum*
コアカザ *C. serotinum*

アカザは古い時代に中国から入り、食用に栽培していたものが野生化したといわれる。若葉は紅紫色の粉状毛に覆われて美しい。この毛は多量の水分を含む細胞。葉は大きくなるにつれて緑色に変わる。秋に木質化した茎を採り杖をつくる。若葉はホウレンソウと同じように、和え物、汁の実、浸し物などにする。シロザの若葉は白い粉状毛に覆われ、白っぽく見え、若葉や未熟な果実は食用になる。

コアカザは若葉や葉の裏に白い粉状毛を密生し、白っぽく見える。花は初夏の頃から夏に開花し、枝先に小さな花が密について花柄や花被片にも白い粉状毛がある。

◇由来　アカザは中国・モンゴル・朝鮮原産、コアカザはヨーロッパ原産、日本全土に見られる

◇よく見る場所　畑のまわり・空き地・道端・河川敷

◇花・果実の時期　9～10月、コアカザは6～8月

ケアリタソウ　一年草。茎は高さ30-80㎝。葉は互生、長さ3-10㎝幅1-4㎝。花弁はない。萼片は長さ1㎜ほど。種子は径8㎜ほど。写真：花時

ケアリタソウ

毛有田草
アカザ科
Chenopodium ambrosioides var. *pubescens*

南アメリカ原産の一年草で、荒れ地、道端などの日当たりのよい場所に生える。江戸時代に日本に入り、大正時代頃から広がり始めたという。茎や葉に縮れた毛と腺毛《せんもう》が多くあり、葉の裏に黄色の腺点《せんてん》が多数ある。全体に特有の強い臭いがあり、この臭いで存在がわかる。花には大小あり、大きい方は雄しべと雌しべが揃った両性花、小さい方は雌しべだけが目立つ雌性花。昔、佐賀県有田地方で駆虫剤用に栽培したことから名がついたという。茎や葉にほとんど毛のないものをアリタソウと呼ぶが、毛の多いものからほとんど毛のないものまであるので、分けずにアリタソウとする考えもある。

◇**由来**　南アメリカ原産、本州〜九州に見られる
◇**よく見る場所**　荒れ地・道端
◇**花・果実の時期**　7〜11月

ヒナタイノコズチ　多年草。茎は高さ40-90㎝。葉は対生、長さ10-15㎝幅4-10㎝。花被は長さ4-4.5㎜。果実は長さ2.5㎜ほど。写真：右＝果実時、左上＝花時、左下＝花

ヒナタイノコズチ

日向牛膝
ヒユ科
Achyranthes bidentata var. *tomentosa*

イノコズチの名は茎が四角く紫褐色を帯び節がふくらむ様子をイノシシの膝に見立ててつけられた。ヒナタイノコズチは全体に毛があり、特に花序の軸に多い。花には3個の小苞葉《ほうよう》があり、そのうち2個は針状にとがり基部に薄い膜状の小さな付属体がある。果実は熟すと真下を向き、ヘアピンのようになった2個の小苞葉によって動物の体に付着して運ばれる。犬の散歩の後など自分の衣服にもたくさん果実がついていて取るのに閉口した人も多いのではないだろうか。よく似たヒカゲイノコズチ（別名イノコズチ）は日陰に生え、全体に毛が少なく、付属体はやや大きく、果実は斜め下向きになるなどの違いがある。

◇**分布**　本州〜九州、中国
◇**よく見る場所**　空き地・荒れ地・道端
◇**花・果実の時期**　8〜9月

イヌビユ　一年草。茎は高さ30-70㎝。葉は互生、長さ2-5㎝。花はごく小さく、花被の長さ1.5㎜ほど。果実は長さ2-2.5㎜。写真：花時

イヌビユ

犬莧
ヒユ科
イヌビユ *Amaranthus lividus* var. *ascendens*

畑地や道端、空き地などに生える一年草。葉は菱形に近い卵形で先がくぼむ。花は緑色でごく小さく穂状につく。花被片の先はとがらない。果実が熟しても緑色のままで硬くならず、種《たね》を包んだまま地面に落ちる。和名はインド原産の野菜として栽培されるヒユに似て役に立たないという意味だが、イヌビユの葉も食用にされた。乾燥葉を煎じて利尿薬に用いる。ホナガイヌビユがよく似ているが、葉の先はほとんどくぼまない。果実は熟すと果皮が硬くなって淡褐色になる。果皮の全体に深いしわができる。イヌビユの果皮のしわは下半部にできるなどの違いがある。

◇由来　イヌビユは原産地不明、全国に見られる
ホナガイヌビユは熱帯アメリカ原産
◇よく見る場所　畑地・道端・空き地
◇花・果実の時期　7～9月、ホナガイヌビユ6～10月

ノゲイトウ　一年草。茎は高さ0.3-1.2m。葉は互生、長さ4.5-15㎝幅1.2-1.8㎝。花被片は長さ7-9㎜。果実の長さは花被片の半分ほど。写真：左＝花時

ケイトウ　一年草。茎は高さ60-90㎝。葉は互生、長さ5-20㎝。写真：右＝トサカゲイトウの園芸品種

ノゲイトウとケイトウ

野青鶏頭、鶏頭／別名カラアイ・サキワケケイトウ
ヒユ科
ノゲイトウ *Celosine argentea*、ケイトウ *C. cristata*

ノゲイトウは熱帯地域に広く分布し、江戸時代に日本に入ったといわれる。熱帯アメリカあるいはインド原産とされるがはっきりしない。観賞用のケイトウの原種とされ、白色や淡紅色の小さな花が密生した円柱状の花穂をつける。花被片5、雌しべ1、雄しべ5。雄しべの基部はくっついて袋状となる。果実が熟すと2～4個の黒い種《たね》を出す。種は目の充血などの薬とし、若葉は茹でて食べられる。

ケイトウは熱帯アジア原産とされ、万葉集に「韓藍《からあい》」の名で詠まれ、奈良時代にはすでに日本に入っていたと考えられる。小さな花が密に集まりやや扁平な帯状の花穂をなす。観賞のほかに草木染めにも利用される。

◇**由来**　熱帯アメリカ原産、本州～沖縄に見られる
◇**よく見る場所**　人家周辺・空き地・道端・線路脇
◇**花・果実の時期**　6～10月

スベリヒユ　一年草。茎は長さ15-30㎝。葉は互生、長さ1.5-2.5㎝。花被は長さ4㎜ほど。果実は長さ5㎜ほど。写真：右＝スベリヒユの花時、左上＝ポーチュラカ、左下＝マツバボタン

スベリヒユ

滑莧／別名トンボソウ・イワイズル
スベリヒユ科
Portulaca oleracea

日当たりのよい場所に生える一年草。茎、葉とも多肉質で赤紫色を帯び、枝分かれして地面を這《は》って広がる。花は日が当たると開き夕方に閉じる。雄しべに触れるとパタッと動く。閉鎖花もある。畑ではなかなか退治できない迷惑雑草だが、若葉や若い茎は茹でて食べられ、酸味と少しぬめりのある食感が持ち味。茹でた茎を天日干しすると保存食になる。繊維を柔らかくするにはこまめに揉《も》むこと。毒虫に刺されたとき葉の揉み汁をつけると効き目があるという。花壇に見られるポーチュラカはスベリヒユを園芸用に改良したもの。花色は豊富で、育てやすい。江戸時代末期から栽培されるマツバボタンも同じ属。

◇**分布**　世界中の温帯～熱帯、日本全土に見られる
◇**よく見る場所**　畑地・空き地・道端
◇**花・果実の時期**　7～9月

ハゼラン　一年草。茎は高さ30-80㎝。葉は互生、長さ3-10㎝幅1.5-5㎝。花は径7㎜ほど。果実は径3㎜ほど。写真：右＝花、左＝草姿

ハゼラン

粶蘭／別名サンジソウ・ヨジソウ
スベリヒユ科
Talinum triangulare

熱帯アメリカ原産の一年草。明治初めに観賞用として入り、庭などで栽培されるほか、市街地などで野生化している。一度生えるとこぼれ種でどんどん繁殖する。葉は厚みがあり表面に光沢がある。花は小さな紅紫色の花弁が5個ある。午後3時頃から開き始め、3時間くらい咲き続けてしぼんでしまう短命な花。サンジソウ（三時草）、サンジバナ（三時花）の名でも親しまれている。果実は熟すと裂けて小さな黒色の種《たね》を多数散らす。英名のコーラルフラワーは赤褐色の丸い果実を珊瑚にたとえたもの。葉は食用になる。汁の青味に、茹でてそのまま、あるいは胡麻和えなどにもよい。

◇**由来**　熱帯アメリカ原産、本州～沖縄に見られる
◇**よく見る場所**　道端・人家の石垣・敷石の間など
◇**花・果実の時期**　8～10月

ハナヅルソウ　多年草。茎は長さ60㎝ほど。葉は対生、長さ1.2-2.5㎝ほど。花は径1.5㎝ほど。
写真：上＝花時、左下＝ツルナ

ハナヅルソウ

花蔓草／別名ハナツルクサ
ツルナ科
Aptenia cordifolia

南アフリカ原産の多年草。霜の降りない暖地では冬も葉が残っている。江戸時代末頃に日本に入り、花壇などで観賞用に栽培される。茎は斜めに這《は》い、よく枝分かれしながら伸びる。葉は多少肉質で光沢があり表面に突起がある。夏から秋にかけて紅紫色の花が咲く。寒さに弱いが暑さや乾燥に強く、暖地では道路や民家の石垣の上から垂れ下がり、あるいは地面に広がり群生しているのを見かける。葉や花の質感はビニールでつくった造花を思わせる。和名のハナヅルソウは花のあるツルナという意味だという。ツルナの花には花弁がなく、萼片《がくへん》が黄色を帯びるが長さ3㎜ほどであまり目立たない。

◇**由来**　南アフリカ原産
◇**よく見る場所**　庭
◇**花・果実の時期**　5～10月

マツバギク　常緑の多年草。茎は伏して広がる。葉は多肉質、対生、長さ3-6㎝。花は径5-7㎝。
写真：右上＝葉の表面の突起、右下＝冬の葉、左＝花時

マツバギク

松葉菊／別名キクボタン・サボテンギク
ツルナ科
Lampranthus spectabilis

南アフリカ原産の常緑多年草。明治初めに観賞用として日本に入った。茎は木質になり、よく枝分かれして伸びる。葉は線形で鎌形に曲がり、多肉質で表面に突起がある。花は紅紫色だが、白色、濃紅紫色、黄色の品種もある。寒さに弱いが暑さや乾燥には強く、暖地では道路や民家の石垣の上から垂れ下がり群生している。暖地以外では冬は葉の色が赤みを帯びるが、春になり気温が上がると緑色に戻る。和名のマツバギクは、葉の形を松葉に、花をキクに見立てたもの。よく似たヒメマツバギクは、花がひとまわりほど小さく、色は紫紅色。花期は6～8月。耐寒性があるので冷涼な地域にも植栽されている。

◇**由来**　南アフリカ原産
◇**よく見る場所**　庭・石垣の間
◇**花・果実の時期**　5月頃

ツルムラサキ　つる性の多年草（日本では一年草）。つるは長さ1-4m。葉は互生、長さ4-6㎝。花は長さ3-4㎜、花弁はない。花穂は長さ10-12㎝。写真：上＝花時

ツルムラサキ

蔓紫
ツルムラサキ科
Basella rubra

熱帯アジア原産で、明治時代に薬用植物として日本に入り、現在は野菜や観賞用として植えられる。茎（つる）は紫色に染まり、茎も葉も多肉質。葉の腋《わき》から多肉質の花柄を伸ばし、その先に数個の花を穂状につける。花は花弁がなく、多肉質の萼片《がくへん》は蕾《つぼみ》のように見える。花の後、果実が黒く熟す頃、萼片は多肉質、黒紫色になり、つぶすと紫色の汁が出る。この汁は食品の着色に利用された。和名はつると果実の色による。学名のrubraは赤いという意味で、茎の色による。茎にある粘液は製紙用の糊に利用された。茎や葉が緑色のものはシンツルムラサキと呼ばれる。野菜として栽培されるのはこちらが多い。

◇由来　熱帯アジア原産
◇よく見る場所　畑地・庭・鉢植え
◇花・果実の時期　夏～秋

ウシハコベ　二～多年草。茎は高さ20-50㎝。葉は対生、長さ1-8㎝。萼片は長さ4-5.5㎜で花弁はほぼ同じ長さ。種子は1㎜。写真：左＝花時

コハコベ　一～二年草。茎は高さ10-20㎝。葉は対生、長さ1-2㎝。萼片は長さ3-4㎜で花弁はより短い。種子は径1-1.2㎜。写真：右＝花時

コハコベとウシハコベ

小繁縷／別名ハコベ・ヒヨコグサ、牛繁縷
ナデシコ科
コハコベ *Stellaria media*、ウシハコベ *Myosoton aquaticum*

コハコベは春の七草のひとつ。花弁は5個あり、それぞれ深く切れ込んで10個に見える。雄しべは1～5個あり、よく似たミドリハコベは雄しべが8～10個あることで区別できる。この二つはよく似ていて同じようなところに生えるので、どちらもハコベと呼んでいることが多い。自然交配しているようで区別できないものもある。七草粥やハコベ塩をつくったり、小鳥の餌にもなる。

ウシハコベは雄しべ10個、雌しべの花柱は5個あり、花柱が3個のコハコベの仲間と区別できる。和名はハコベより全体に大きいのを牛にたとえたもの。ハコベと同じように食用にしたり小鳥の餌にしたりと利用できる。

◇**分布**　どちらも日本全土
◇**よく見る場所**　山野から市街地のいたるところ
◇**花・果実の時期**　3～9月、ウシハコベ4～10月

オランダミミナグサ　二年草。茎は高さ10-60㎝。葉は対生、長さ0.7-2㎝。花弁は長さ4-5㎜。果実はは長さ1.2-1.5㎝。写真：右＝花時、左上＝果実（種を見せるために一部を取り除いた）、左下＝花

オランダミミナグサ

和蘭耳菜草
ナデシコ科
Cerastium glomeratum

ヨーロッパ原産で、明治末頃に横浜で発見され、その後旺盛な繁殖力で広がった。在来種のミミナグサは圧倒され、特に都会ではほとんど見られなくなった。茎は普通緑色だが、淡紫色を帯びるものもある。全体に淡い緑色で軟毛と腺毛《せんもう》が密生し白っぽく見える。花柄が萼片《がくへん》より短く、花は混み合ってつく。花弁は白色、先は切れ込む。果実は熟すと先端に穴があき、淡黄褐色の種《たね》を散らす。和名は外国産のミミナグサの意味。ミミナグサは茎と萼片は暗紫色に染まり、全体に毛はやや少なく腺毛は少し混じる程度。葉は濃い緑色。花柄は萼片より長い。ミミナグサの名は葉をネズミの耳にたとえたもの。

◇由来　ヨーロッパ原産、本州〜沖縄に見られる
◇よく見る場所　日当たりのよい場所
◇花・果実の時期　4〜5月

ツメクサ　一〜二年草。茎は高さ3-20㎝。葉は対生、長さ0.7-2㎝。萼片は長さ2-2.5㎜で、花弁はより短いかほぼ同じ長さ。果実は萼片より少し長い。写真：上＝花時、右下＝花

ツメクサ

爪草／別名タカノツメ・スズメグサ
ナデシコ科
Sagina japonica

庭や道端に生える一〜二年草。茎は根もとから分かれて枝を分ける。葉は細く厚みがあり、基部はくっついている。春から夏にかけて葉の腋《わき》に5弁の小さな白い花がつく。茎の上の方や萼片《がくへん》に腺毛《せんもう》がある。果実は卵形で、熟すと5つに裂けて小さな黒色の種子を落とす。種子の表面に細かいとがった突起がある。和名は細い葉を鳥の爪や切った爪に見立ててつけられたという。花の咲いていない時期に観察会で見かけると、「庭に生えると草取りがたいへん」という声が聞こえるが、花のある時期では「こんなに可愛い花が咲くなんて気がつかなかった、大事にします」という声に変わる花である。

◇**分布**　北海道〜沖縄、インド、ヒマラヤ〜樺太、千島
◇**よく見る場所**　庭・道端
◇**花・果実の時期**　3〜7月

スイセンノウ　多年草。茎は高さ30-90㎝。葉は対生、長さ2.5-10㎝。花は径2.5-3.5㎝。写真：左＝花時

カワラナデシコ　多年草。茎は高さ30-80㎝。葉は対生、長さ3-9㎝。花は長い爪部があり長さ3-4㎝の萼筒に包まれる。写真：右＝花時

カワラナデシコとスイセンノウ

河原撫子／別名ヤマトナデシコ、酔仙翁／別名フランネルソウ
ナデシコ科　スイセンノウ *Lychnis coronaria*、
カワラナデシコ *Dianthus superbus* var. *longicalycinus*

カワラナデシコは秋の七草のひとつ。普通は単にナデシコと呼ばれる。「撫子」はかわいい花と子どもを撫でて愛することに共通する意味からできた。ヤマトナデシコと呼ぶのは、中国から渡来したセキチクを唐撫子《からなでしこ》と呼んだのに対しての名前である。種《たね》は瞿麦子《くばくし》といい、むくみを取る利尿薬とする。

スイセンノウは観賞用に植えられ、こぼれ種《だね》からもよく育ち、人家のまわりに野生化している。和名の由来はよくわからないが、別名のフランネルソウは、全体が柔らかい綿毛に覆われている様子を布地のフランネルにたとえたもの。

◇分布　カワラナデシコは本州～九州、朝鮮、中国、台湾、スイセンノウはヨーロッパ南部原産

◇よく見る場所　庭・道端・河原

◇花・果実の時期　6～10月、スイセンノウは5～9月

サボンソウ　多年草。茎は高さ40-60㎝。葉は対生、長さ2.5-10㎝。花は径2.5㎝ほど。果実は長さ2.5㎝ほど。写真：左＝花時

ムシトリナデシコ　一〜二年草。茎は高さ20-50㎝。葉は対生、長さ1.5-5㎝。花は径1㎝ほど。果実は長さ1.5㎝ほど。写真：右上＝花時、右下＝粘液に捕まった虫

ムシトリナデシコとサボンソウ

虫捕り撫子／別名ハエトリナデシコ、石鹸草／別名シャボンソウ
ナデシコ科　ムシトリナデシコ *Silene armeria*、
サボンソウ *Saponalia officinalis*

ムシトリナデシコは江戸末期に観賞用として日本に入った。茎や葉は白っぽい緑色で、茎の上部の節の下に淡褐色の粘液が出てべたつく。虫がこの部分にくっついて動けなくなることからこの名がある。粘液に捕まった虫の姿をよく見るが食虫植物ではなく、粘液は有害昆虫から花や実を守るバリケード。

サボンソウは明治の初めに薬用・観賞用として日本に入り、今も庭やハーブガーデンで見かける。サポニン成分を多く含み、葉の汁は白く細かく泡立ち、衣類や髪の洗剤に利用されるほか、煮汁は湿疹や吹き出物などの薬に使われる。名前はこの性質による。

◇由来　ヨーロッパ原産、ムシトリナデシコはほぼ全土、サボンソウは北海道〜四国に見られる

◇よく見る場所　庭・人家のまわり・空き地・河川敷

◇花・果実の時期　5〜8月、サボンソウは7〜8月

ヒメスイバ　一〜多年草。茎は高さ20-50㎝。葉は互生、長さ2-7㎝。雌雄別株。花被は長さ1㎜ほど。果実は長さ1.2㎜ほど。写真：群落

ヒメスイバ

姫酸葉
タデ科
Rumex acetosella

ユーラシア原産。明治初めに日本に入り、各地の道端、空き地、墓地の通路、河川の土手などの日当たりのよい場所に群生している。スイバより草丈が低く、茎は細く、全体に華奢だが繁殖力は旺盛で、スイバより広がっている。地下茎を伸ばしてよく枝を分ける。葉の基部が左右に耳状に張り出して、ほこ形になるのが特徴。雄株につく雄花は下向きで葯《やく》は垂れ下がり花粉を飛ばす。雌株につく雌花の柱頭は赤く房状に裂けて、風に乗って飛んでくる花粉を受けやすい形になっている。花被は赤色を帯び、花のあとも大きくならず、果実を1個包む。和名はスイバに似て小型であることによる。

◇**由来**　ユーラシア大陸原産、北海道〜九州に見られる
◇**よく見る場所**　道端・空き地・墓地の通路・土手
◇**花・果実の時期**　5〜8月

スイバ　多年草。茎は高さ30-100㎝。葉は互生、長さ10㎝ほどまで。雌雄別株。花は径3㎜ほど。果実は長さ2.5㎜ほど。写真：右＝雌株、左＝雄株

スイバ

酸葉／別名スカンポ
タデ科
Rumex acetosa

人家周辺の空き地や河川敷、公園の草地、田のあぜなどに生える。茎の下の方の葉は柄が長くもとは矢じり形、上の方の葉は柄がごく短く茎を抱く。雌花は赤い房状の柱頭が出て、飛んでくる花粉がつきやすい形になっている。雄花は葯《やく》がぶら下がり風にゆれて花粉を飛ばす。和名は茎や葉に酸味があることによる。酸味の成分はシュウ酸。春先に地上に伸び出た若い茎を折ると水がしたたり出る。昔の子どもは野外でよく走り回って遊んだものだ。そんなときスイバの若い茎をかじると、口の中に水気と酸味が広がって喉の乾きがおさまる。酸っぱい茎は折るときにポンと音がすることからスカンポと呼び親しまれる。

◇**分布**　北海道～九州、北半球の温帯
◇**よく見る場所**　草地・空き地・河川敷・土手
◇**花・果実の時期**　5～8月

エゾノギシギシ　多年草。茎は高さ50-130㎝。葉は対生、長さ12-25㎝幅5-12㎝。果実時の花被片は長さ3.5-5.5㎜。果実は長さ1.5-2㎜。写真：右＝エゾノギシギシ、左上＝果実時、左下＝アレチギシギシ

エゾノギシギシ

蝦夷羊蹄／別名ヒロハギシギシ
タデ科
Rumex obtusifolius

ギシギシに比べて葉の幅が広いことから別名ヒロハギシギシともいう。茎や葉の筋は赤みを帯びることが多く、葉の縁は細かく波打つ。内花被片の縁に数個のやや長い刺《とげ》状の突起がある。ギシギシの仲間は内花被片や葉の違いで見分けられる。同じヨーロッパ原産のナガバギシギシ、アレチギシギシの2種が同じようなところに普通に見られる。ナガバギシギシはギシギシより葉の色がいくらか濃く、縁は細かく縮れて、内花被片はやや丸く縁に突起がない。アレチギシギシはギシギシより細く、葉の縁は細かく波打ち、内花被片は先端がやや丸く、長い三角状でほっそりしていて縁に突起はない。

◇**由来**　ヨーロッパ原産、日本全土で見られる
◇**よく見る場所**　畑地・道端・土手・河川敷
◇**花・果実の時期**　5～7月

ギシギシ　多年草。茎は高さ40-100㎝。葉は対生、長さ10-25㎝幅4-10㎝。花は小さい。果実は長さ2.5㎜ほど。写真：右＝花時、左＝果実時

ギシギシ

羊蹄
タデ科
Rumex japonicus

少し湿り気のある場所に生える多年草。根は太くて大きく、黄色または赤橙色。茎の下の方の葉は長い柄があり基部はハート形か丸い形、上の方につく葉は柄がない。花は淡緑色で小さく輪生状に群がりつく。花の後、内花被が大きくなり果実を包む。内花被はふっくらとした三角形で先はとがり縁に細かい鋸《きょ》歯《し》がある。和名は茎と茎をこすり合わせるとギシギシ鳴ることに由来するという。「羊蹄」は中国名。全草にシュウ酸を含み酸味があるが、ぬるぬるした若い芽を採り、さっと湯がいて酢の物にするとジュンサイのようで美味。若い茎は酢味噌和えのほか、ジャムなどにもよい。根は薬用にする。

◇分布　北海道〜沖縄、朝鮮、中国、樺太、千島
◇よく見る場所　畑地・道端・空き地・河川敷・土手
◇花・果実の時期　6〜8月

ミチヤナギ　一年草。茎は高さ10-40㎝。葉は互生、長さ1.5-3㎝幅0.5-1㎝。花被は長さ2.5-3㎜。果実は長さ3㎜ほど。写真：右＝花時、左＝花

ミチヤナギ

道柳／別名ニワヤナギ
タデ科
Polygonum aviculare

道端、空き地、河川敷などで見られる一年草。和名は道端に生え、ヤナギに似た葉をつけることからつけられた。花は葉のつけ根から数個出るが、花被が緑色なので目立たない。花被の縁は白色あるいは淡紅色を帯び、ルーペで見るとなかなか愛らしい。茎は普通は直立するが、日差しの強い乾燥気味の場所では茎が地面を這《は》うものがあり、ハイミチヤナギと間違えやすい。両種の違いは果実の断面を見るとわかりやすい。ミチヤナギは3面ともほとんど等しい三稜形だが、ハイミチヤナギは2つの面はほぼ等しく、1つの面は狭く押しつぶされたようにくぼんでいる。ミチヤナギは薬用や食用とされる。

◇**分布**　北海道～沖縄、北半球の温帯～亜熱帯
◇**よく見る場所**　道端・空き地・河川敷
◇**花・果実の時期**　5～10月

ミズヒキ　多年草。茎は高さ40-80㎝。葉は互生、長さ5-15㎝幅4-9㎝。花には花弁がなく、萼片は長さ2-3㎜。果実は長さ2.5㎜ほど。写真：右＝花、左＝草姿

ミズヒキ

水引／別名ミズヒキグサ、漢名金線草

タデ科

Antenoron filiforme

ミズヒキの名は、長い花序にまばらについた花は上側が赤く下側が白いので、これを紅白の水引に見立ててつけられた。茶花として茶室に飾られ、庭に栽培もされる。茎に粗い毛があり、花は地味で目立たないが、名前で得しているようだ。葉の中央付近にV字形に黒い模様が出るものがある。花に花弁はなく、花弁状の萼片《がくへん》に紅白の色がつき、種《たね》が熟す頃まで長い間色が残る。果実は萼片に包まれ、2個の長い花柱が突き出ている。花柱の先はかぎ形に曲がり、衣服や動物に引っかかって種が運ばれる。ギンミズヒキ（銀水引）と呼ばれる白花も見られる。

◇**分布**　北海道〜沖縄、朝鮮、中国、インドシナ、ヒマラヤ

◇**よく見る場所**　人家のまわり・林の縁・公園の隅

◇**花・果実の時期**　8〜10月

イシミカワ　つる性の一年草。茎は長さ1-2m。葉は互生、長さ2-4㎝幅3-5㎝。花被は長さ3㎜ほど。果実は径2-3㎜。写真：右＝花時、左＝果実時

イシミカワ

石見川
タデ科
Persicaria perfoliata

日当たりがよくやや湿り気のある場所に生えるつる性の一年草。茎や葉柄にある下向きの鋭い刺《とげ》でほかのものに引っかかりながら伸びる。葉柄が葉の裏面について楯のような形になり、花穂の下の丸い苞葉《ほうよう》が目立つ。花は10～20個かたまってつき、花被はほとんど開かない。花の後、花被は水分を含んで厚くなり果実を包み、色は淡白緑色、紅紫色、青藍色と変化する。果実の時期のかたまりは白、赤紫、青色が混ざり、ほかに類のない独特な印象となる。果実は丸く、黒色で光沢がある。ときどき混じって生えるママコノシリヌグイの葉は楯のようにならず、花被の色は淡紅色で、果実を包んだ後も色は変わらない。

◇分布　北海道～沖縄、アジア
◇よく見る場所　道端・荒れ地・林の縁・河原の土手
◇花・果実の時期　7～10月

ミゾソバ　一年草。茎は高さ30-100㎝。葉は互生、長さ3-12㎝幅2-10㎝。花には花弁がなく、萼片は長さ4-7㎜。果実は長さ3-4㎜。写真：右上＝花、下＝草姿

ミゾソバ

溝蕎麦／別名ウシノヒタイ・タソバ
タデ科
Persicaria thunbergii

水辺、湿地などに生え、地下茎の節から根を出して広がり群生する。和名は溝に繁茂するソバという意味。別名のウシノヒタイは卵状ほこ形で黒い斑が八の字に入る葉の形を牛の額に見立てたことによる。黒斑は色が薄く目立たないものもある。花は小さく、淡紅色または白色、十数個が丸く集まる。この様子が砂糖菓子の金平糖のようなのでコンペイトウバナの名もある。茎や葉柄、葉の下面脈上に下向きの小さな刺《とげ》があり、触ると痛い思いをすることがある。全体に少し大型で、花柄に目立つ腺毛《せんもう》があり、葉柄に3㎜幅ほどの翼《よく》が出て、閉鎖花をつけ地中茎が長いものをオオミゾソバとして区別することがある。

◇分布　北海道～九州、アジア北東部
◇よく見る場所　水辺・湿地
◇花・果実の時期　7～10月

アキノウナギツカミ　一年草。茎は高さ1mほど。葉は互生、長さ5-10cm幅2-3cm。花には花弁はなく萼片は長さ2.5mmほど。果実は長さ2.5mmほど。写真：右＝アキノウナギツカミ、左＝ママコノシリヌグイ

アキノウナギツカミ

秋鰻攫／別名アキノウナギヅル

タデ科

Persicaria sieboldi

河原や公園の池などの水辺に生える1年草。河口近くの水辺から山地の湿地まで広い範囲に生育している。茎に下向きの刺《とげ》が密生してほかのものに引っかかる。葉は裏面の脈上に刺があり、基部は矢じり形で茎を抱くように張り出す。花は枝の先に十数個集まってつき、萼片《がくへん》は淡紅色で、花の後果実を包む。和名は茎に下向きの短い刺があり、引っかかりやすいことから「ウナギもつかめる」という意味。ウナギどころか人間の手も傷つくので観察するときはくれぐれも慎重に。ママコノシリヌグイがよく似ているが、こちらは葉が三角形で長い柄があり、柄にも刺がある。

◇**分布**　北海道〜九州、千島、樺太、シベリア〜中国東北部、朝鮮、台湾

◇**よく見る場所**　河原・公園の池

◇**花・果実の時期**　7〜10月

オオケタデ　一年草。茎は高さ1-2mほど。葉は互生、長さ10-20㎝幅6-12㎝。花穂は長さ2-7㎝。萼片は長さ3㎜ほど。果実は径2.5㎜ほど。写真：右＝花、左＝草姿

オオケタデ

大毛蓼／別名オオタデ・ハブテコブラ
タデ科
Persicaria pilosa

江戸時代に中国から入り、観賞用に栽培されるが、こぼれ種《だね》で殖えるほど繁殖力が強く、道端、空き地などの日当たりのよい場所に野生化している。茎は径2㎝ほどになり、よく枝分かれする。日本で見られるタデの中で最も大型で、淡紅色～紅色の小さな花を密につけた花穂は太く、美しい。紅色の花をオオベニタデとして分けるという考えもある。和名は全体に大きく、葉や茎に長い毛を密生することからついた。毒虫に刺されたとき、洗った生葉を揉《も》んで青汁を採り、患部にすり込んだり、おできなどが化膿したときには干した種《たね》を煎じて飲むなど、薬草として用いられる。

◇由来　アジアの熱帯～温帯原産、日本全土に見られる
◇よく見る場所　庭・道端・空き地
◇花・果実の時期　8～11月

オオイヌタデ　一年草。茎は高さ70-150㎝。葉は互生、長さ16-23㎝。花穂は長さ4-7㎝。写真：左上＝草姿、左下＝花

イヌタデ　一年草。茎は高さ20-50㎝。葉は互生、長さ3-8㎝。花穂は長さ1-5㎝。果実は長さ1.5-2㎜。写真：右上＝草姿、右下＝花

イヌタデとオオイヌタデ

犬蓼／別名アカマンマ、大犬蓼
タデ科　イヌタデ *Persicaria longiseta*、
オオイヌタデ *P. lapathifolia*

イヌタデの名は、葉に辛みがないので、料理の薬味などに利用され葉に辛みがあるヤナギタデに対してつけられた。観察会でこの花に出会うと必ず「あっアカマンマ」という声があがる。赤い花を赤飯に見立てて遊んだ世代には別名の方が親しみやすい。

オオイヌタデは鞘状《さやじょう》の托葉《たくよう》の縁に毛がなく、あってもごく短い。花穂の先が垂れ下がり、萼片《がくへん》の色が変わらないので、いつまでも花が咲いているように見える。よく似たサナエタデは名前の通り田植え頃から10月頃まで花が見られる。オオイヌタデは茎の節がふくれるが、サナエタデはあまりふくらまない。

◇分布　イヌタデは北海道～沖縄、ヒマラヤ・マレーシアより東のアジア、オオイヌタデは北半球
◇よく見る場所　道端・空き地・公園・河川敷
◇花・果実の時期　6～10月

ツルドクダミ　つる性の多年草。葉は互生、長さ3-9㎝幅2-6㎝。花被は径2㎜。果実は長さ2-2.5㎜。写真：左＝花時

ヒメツルソバ　多年草。茎は横に這う。葉は互生、長さ1-3㎝。花穂は径6-8㎜、花被は長さ2㎜。果実は長さ2㎜。写真：右＝花時

ヒメツルソバとツルドクダミ

姫蔓蕎麦／別名カンイタドリ、蔓蕺／カシュウ
タデ科　ヒメツルソバ *Persicaria capitata*
ツルドクダミ *Fallopia multiflora*

ヒメツルソバは明治中頃に園芸植物として入り、人家の周辺や石垣の下などに野生化している。グランドカバーとしても利用される。ツルソバに似るが、丸い花穂が愛らしいことから名づけられた。葉は秋に赤く紅葉する。

ツルドクダミは徳川吉宗の時代に薬用植物として入り、主に都市部で大繁殖している。つるは左巻きも右巻きもある。和名は葉がドクダミの葉に似ているため。中国名は何首烏《かしゅう》。サツマイモのような塊根を服用していた何《か》翁の髪の毛がつねに烏《からす》のように黒かったという言い伝えによる。漢方では緩下剤に用いる。

◇**由来**　ヒメツルソバは中国南部〜ヒマラヤ原産、ツルドクダミは中国原産、本州〜九州に見られる

◇**よく見る場所**　ヒメツルソバは庭先・石垣の下、ツルドクダミは道端・歩道の植込み

◇**花・果実の時期**　1年中、ツルドクダミは8〜10月

イタドリ　多年草。茎は高さ30-150㎝。葉は互生、長さ6-15㎝幅5-9㎝。雌雄別株。花被は長さ1.5-3㎜。果実は長さ0.6-1㎝。写真：右＝花時、左上＝雄花、左下＝果実時

イタドリ

虎杖／別名スカンポ・タジイ・サイタズマ
タデ科
Reynoutria japonica

日当たりのよい斜面を好む。地下茎はよく発達し、盛んに芽を出し群落をつくる。花は白色から淡紅色まで。花や果実が特に赤いものはメイゲツソウあるいはベニイタドリと呼ぶ。春先にタケノコ状に伸びる若芽は赤みを帯び、茎に赤い点がある。若い茎は酸味があり、スイバと同様スカンポと呼んで、皮をむいて生食に、塩漬けして保存食にする。塩抜きして調理したものは、酸味が抜けネマガリダケのような色と食感がある。イタドリの名は小さな傷に若芽を揉《も》んでつけると痛みが取れるので痛取からきたという説がある。地上部は虎杖、根は虎杖根といい漢方薬として用いる。戦時中、葉をたばこの代用にした。

◇**分布**　北海道〜九州・奄美大島、朝鮮、中国、台湾
◇**よく見る場所**　公園・空き地・土手・崩壊地
◇**花・果実の時期**　7〜10月

シャクチリソバ　多年草。茎は高さ50-120㎝。葉は互生、長さ5-15㎝幅4-14㎝。花は径4-6㎜。果実は8㎜ほど。写真：花時

シャクチリソバ

赤地利蕎麦／別名シュッコンソバ
タデ科
Fagopyrum dibotrys

昭和初めに薬用植物として中国から入り、栽培されたものが各地に広がった。根茎は太く、茎は赤紫色を帯び、堅く太く、高さ1m以上になり大きな株をつくる。8個の雄しべの葯《やく》は紅色。雌しべの花柱は3本。黄色の蜜腺《みっせん》が8個あり、ミツバチの蜜源になる。果実は茶褐色。原産地では種子を穀物として利用するほか、若い芽や若葉は野菜として食べる。一年草のソバに対し多年草なのでシュッコンソバ（宿根蕎麦）とも呼ぶ。和名は中国名の「赤地利」を日本語読みしたもので牧野富太郎が命名した。漢方では根茎を「赤地利」「天蕎麦根《てんそばこん》」と呼び、解熱解毒薬に用いる。

◇**由来**　ヒマラヤ〜中国西南部の高地原産、本州〜九州に見られる
◇**よく見る場所**　林の縁・河川敷
◇**花・果実の時期**　7〜10月

ボタン　落葉低木。高さ3m径15cmほど。葉は互生、2回3出複葉。花は径10-20cm。写真：左＝八重咲きの園芸品種

シャクヤク　多年草。茎は高さ60-80cm。葉は互生、複葉、小葉は長さ10cmほど。花は径10cmほど。果実は長さ2cmほど。写真：左＝一重の園芸品種

シャクヤク

芍薬／別名カオヨグサ・エビスグサ・エビスクスリ
ボタン科
Paeonia lactiflora

根を薬用にするため、古い時代に中国から入り、エビスクスリと呼ばれていた。エビスは外国、唐の国のことで、外国から来た薬という意味。シャクヤクという名は中国名の音読み。現在は薬用は少なく、ほとんど観賞用に栽培されている。盛んに品種改良され、花の色は白色、紅色、淡紅色、紅紫色、淡黄色、ほか多彩。花の形も一重咲きに加えて、雄しべの葯《やく》を大きくしたもの、雄しべが花弁化したもの、鞠状のものなど華やかである。ボタンと同じ仲間だが、ボタンは木本類。シャクヤクはボタンの花が終わる頃から開き始め、茎はみずみずしく質感が異なる。根は筋肉の痙攣、腹痛、冷え性などの生薬とされる。

◇**由来**　中国北部～シベリア原産
◇**よく見る場所**　公園・庭
◇**花・果実の時期**　5月頃

コゴメバオトギリ　多年草。茎は高さ10-100㎝。葉は対生、長さ5-35㎜幅2.5-4㎜。花は径1.8-2.2㎝。
写真：右上＝花、右下＝葉の明点、左＝花時

コゴメバオトギリ

小米葉弟切
オトギリソウ科
Hypericum perforatum var. *angustifolium*

ヨーロッパ原産の多年草。昭和初め頃に三重県で見つかり、その後各地に広がり、埋め立て地、道路脇、河川敷などに見られる。セイヨウオトギリの変種で葉が小さく細い。茎の上の方に多くの花柄を出し、先に黄色の5弁花がつく。茎にわずかだが黒い点があり、葉に多数の透明な点と縁に黒い点がある。花は花弁の縁に黒い点が並んでいる。果実は卵形で透明な線と楕円形の透明な点があり、中に小さな種《たね》が多数入る。多摩川の関戸橋付近に多く、花の盛りに電車の窓から眺めると黄色の花が遠くまで見通せるほど広がっている。日本に自生するオトギリソウは都会ではほとんど見られない。

◇**由来**　ヨーロッパ原産、北海道〜九州に見られる
◇**よく見る場所**　道路脇・河川敷・埋め立て地
◇**花・果実の時期**　6〜8月

タチアオイ　二年草または多年草。茎は高さ2-3m。葉は互生、径6-15㎝。花は径7-10㎝。写真：右＝桃色花、左＝紅紫花

タチアオイ

立葵／別名ハナアオイ・ツユアオイ・カラアオイ
アオイ科
Althaea rosea

中国、小アジア原産ともいわれるがはっきりしたことはわかっていない。古い時代に日本に入り、庭などで観賞される。梅雨の初め頃から花が咲き、花穂の下から上へ順に咲き進んで一番上まで咲くと梅雨が明けるといわれ梅雨葵《つゆあおい》とも呼ばれる。古くから改良されていて花色は白、紅、紫、淡紅、黄など多彩。花弁は5個で本来は一重咲きだが、八重咲き、万重咲き、花弁に細かい切れ込みが入るものやフリル状のものなどもある。春に種《たね》をまき、翌年の初夏に花が咲くが、改良種は春に種をまき、その年の夏に開花する一年草の性質をもつものがある。英名はホリーホック。花や根を煎じた汁は利尿薬などに用いられる。

◇**由来**　中国・小アジア原産とされるが詳細は不明
◇**よく見る場所**　庭・畑地
◇**花・果実の時期**　6月末～8月

ゼニアオイ　二年草。茎は高さ60-150㎝。葉は互生、径7-13㎝で縁は5-9個に浅く裂ける。花は径2.5-3㎝。果実は径8㎜ほど。写真：右＝ウスベニアオイ、左＝ゼニアオイ

ゼニアオイ

銭葵
アオイ科
Malva sylvestris var. *mauritiana*

民家の庭先、団地や公園の花壇などで観賞用に栽培される。こぼれ種《だね》でもよく育ち、人家のまわりや道端などで花を咲かせて、道行く人の目を楽しませてくれる。江戸時代の元禄頃にすでに栽培されていたという。和名は花と銭の大きさが同じくらいなのでつけられたという説と果実の形を銭に見立ててつけられたという説がある。喉が痛いとき乾燥した葉や花を煎じた汁でうがいをすると、全体に含まれる粘液質の作用で痛みが和らぐといわれる。同じ仲間のウスベニアオイ（ハーブではマロウと呼ぶ）と同じように、生花あるいは乾燥花をティーカップに入れて熱湯を注げばハーブティーとして楽しめる。

◇**由来**　南ヨーロッパ原産、北海道～沖縄に見られる
◇**よく見る場所**　公園・庭・人家のまわり・道端
◇**花・果実の時期**　8～10月

スミレ　多年草。葉は互生、長さ3-8㎝幅1-2.5㎝、葉柄は3-15㎝。花弁は長さ1.2-1.7㎝、距は長さ5-7㎜。写真：花時

スミレ

菫

スミレ科

Viola mandshurica

道端、家のまわりなど日当たりのよいところに普通に生える。根は太く、黄色みのある赤褐色。葉柄に広い翼《よく》があり、下の方や花柄は紅紫褐色に染まる。花は濃い紫色。深みのある紫色は高貴な色とされる紫色に通じ菫色と呼び古くから親しまれている。まれに白色もある。花弁は5枚で、側弁の基部に白い毛がある。毛のないものはワカシュウスミレ、白色の花弁に紫色の筋が残るものはシロガネスミレという。海岸近くに生えるものは葉が厚く光沢があり、日本海側に分布するアマナスミレ、太平洋側に分布するアツバスミレがある。和名は大工道具の墨入れ壺に由来する。

◇**分布**　北海道〜九州、南千島、朝鮮、中国、シベリア東部

◇**よく見る場所**　人家のまわり・道端・草地

◇**花・果実の時期**　4〜5月

ヒメスミレ　多年草。葉は長さ1.5-4㎝、葉柄は2-4㎝。花弁は長さ0.8-1㎝。写真：左＝花時

コスミレ　多年草。葉は長さ2-5㎝、葉柄は2-8㎝。花柄は6-12㎝。花弁は長さ1-1.5㎝。写真：右＝花時

ヒメスミレとコスミレ

姫菫、小菫
スミレ科　ヒメスミレ *Viola confusa* ssp. *nagasakiensis*、
コスミレ *V. japonica*

ヒメスミレの生育場所は家の周辺に限られ、歩道と縁石のすき間、アスファルトの割れ目などにずらっと並んで咲いている光景をしばしば目にする。たくましい姿にお見事と声をかけたくなる。葉の表は暗い緑色、裏は紫色を帯びるものが多い。葉柄に翼《よく》はほとんどない。側弁の基部に毛があり、後ろに突き出た距《きょ》は緑白色の地に赤紫色の斑点が多数ある。

コスミレの名はスミレより小さいことからついたという。普通は葉や花弁の側弁に毛がないが、ときに葉や側弁に毛が出るものがあり、見分けに困る種類である。花の色は淡紫色だが、まれに紅紫色がある。

◇**分布**　ヒメスミレは本州〜九州、台湾
コスミレは北海道西南部〜九州、朝鮮
◇**よく見る場所**　家のまわり・道端・空き地・線路脇
◇**花・果実の時期**　どちらも4月頃

アメリカスミレサイシン　多年草。花茎は高さ5-12㎝。葉は互生、幅11㎝ほど。花は径2-3㎝。写真：花時

アメリカスミレサイシン

亜米利加菫細辛／英名Wooly blue violet
スミレ科
Viola sororia

北アメリカ原産の多年草。地下茎がスミレサイシンのように太くなることからこの名があるが、ビオラ・ソロリアと呼ぶことも多い。花が紫色のものをパピリオナケア、紫色を帯びた白色で中心部が紫色のものをプリケアナと呼んでいたが、どちらもビオラ・ソロリアに含まれるとされる。今後の研究が進めば変わる可能性がある。性質が強く、よく花をつけるので猛烈な勢いで広がり、こんな山の中でと驚くことがよくある。早めに抜き取らないと在来種が負けるのではと心配になるが、相手が愛らしいスミレのことで、そっと野に置けの心境になる。都会のアスファルトの割れ目やブロック塀の際などに咲くと可憐。

◇**由来**　北アメリカ原産、北海道〜四国に見られる
◇**よく見る場所**　庭・人家のまわり・道端
◇**花・果実の時期**　4〜6月

タチツボスミレ　多年草。茎は高さ30㎝。葉は長さ1.5-2.5㎝。花弁は長さ1.2-1.5㎝。写真：左＝花時

ツボスミレ　多年草。茎は高さ5-30㎝。葉は幅2-3.5㎝。花弁は長さ0.8-1㎝。写真：右＝花時

タチツボスミレとツボスミレ

立坪菫、坪菫／ニョイスミレ
スミレ科
タチツボスミレ *Viola grypoceras*、ツボスミレ *V. verecunda*

タチツボスミレはスミレ属の中でも地上に茎を伸ばすグループの一種。葉はハート形で葉柄のつけ根に櫛《くし》の歯状に細く裂けた托葉《たくよう》がある。ときに距《きょ》の部分に淡紫色を残す白花があり、オトメスミレという。花弁のある花が咲き終わると、閉鎖花が次々に咲き果実を盛んにつける。果実は熟すと3つに割れて種《たね》を弾き飛ばす。種にはアリが好む物質がついていて種が運ばれる。

ツボスミレは葉柄のもとにある托葉に浅い切れ込みがあるかまたはない。別名の如意菫《にょいすみれ》は仏具の如意に葉の形が似ていることから牧野富太郎が命名した。

◇分布　タチツボスミレは北海道〜沖縄、朝鮮、中国、ツボスミレは北海道〜九州、東アジア東部
◇よく見る場所　庭・人家のまわり
◇花・果実の時期　どちらも4〜5月

パンジー　多年草。大輪系に改良され、鮮やかな色彩の園芸品種が多いガーデン・パンジーと小輪系のタフテッド・パンジー（ビオラ）がある。写真：右＝ガーデン・パンジー、左＝ビオラ

パンジー

Pansy／別名サンシキスミレ（三色菫）
スミレ科
Viola tricolor

十九世紀初めに*Viora tricolor*と数種類の近縁種との交雑に成功して以降、現在にいたるまで多くの園芸品種がつくられている。日本には江戸時代末期にオランダから入った。花の形が蝶に似ているので胡蝶スミレ、人の顔にも見えるところから人面草とも呼ばれた。明治時代に学名を訳して三色菫と呼ばれるようになった。パンジーはフランス語の「思い」を意味するパンセに由来する。小輪系のタフテッド・パンジー（ビオラ）は原種に近い品種で、多数の花がつき、性質が強く栽培しやすい。落ちた種《たね》でよく殖えるため、畑では雑草扱いされることもある。

◇**由来**　ヨーロッパ原産のヴィオラ・トリコロルからつくられた園芸品種
◇**よく見る場所**　公園・庭
◇**花・果実の時期**　11～12月、3～5月

アレチウリ　つる性の一年草。茎は長さ数m。葉は互生、径10-20㎝。雌雄同株別花序。雄花は径1㎝ほど。果実は長さ1㎝ほど。写真：右上＝雄花、右下＝雌花、左上＝花時、左下＝果実

アレチウリ

荒れ地瓜
ウリ科
Sicyos angulatus

北アメリカ原産の帰化植物。一九五二年に静岡県清水港で発見されて以来、日本各地で見つかった。輸入大豆に混ざっていた種《たね》を捨てたのがもとで広がったといわれる。土手、空き地などの日当たりのよい場所に大群落をつくる。茎に刺《とげ》状の硬い毛があり、巻きひげでほかの植物に絡みながら盛んに茎を伸ばし、土手を覆いつくすほど繁殖する。雄花は多数が長い穂状になり、葉の上に出る。雌花は丸い形に密に集まる。果実の表面に柔らかい毛と長い刺が生えている。ある時、何かで群落の中を歩くはめになり、衣類を通してさった刺がチクチクして痛いうえに、洗濯してもなかなか取れず苦労したことがある。

◇由来　北アメリカ原産、北海道～九州に見られる
◇よく見る場所　道端・線路脇・河川の土手・空き地
◇花・果実の時期　夏～秋

カラスウリ　つる性の多年草。葉は互生、長さ幅とも6-10㎝ほど。雌雄別株。雄花の花序は2-10㎝、萼筒の長さ6㎝ほど。果実は長さ5-7㎝。写真：右＝果実時、左上＝花、左下＝種

カラスウリ

烏瓜／別名タマズサ・ムスビジョウ・キツネノマクラ
ウリ科
Trichosanthes cucumeroides

カラスウリの花は夜咲き性、日没後しばらくすると開き始めて翌日未明にしぼむ。8月下旬に花瓶に挿しておいた蕾《つぼみ》は午後6時半頃開き始め約2時間後に開ききって、翌朝午前3時40分頃にはすでにしぼんでいた。つるは秋になると地面に向かって伸び、先が地中に入って小さい塊茎《かいけい》をつくる。翌年新しい塊茎から芽が出て生長し生育範囲を広げていく。果実は鶏卵大、秋に朱赤色に熟す。中の種《たね》は黒褐色で中央部が帯状に隆起する。この形を結び文に見立てて別名玉章《たまずさ》といい、打出の小槌に見立てて「大黒様」と呼び財布に入れる人もある。干した根は王瓜根、干した種は王瓜子といい漢方薬に用いる。

◇**分布**　東北～九州、中国大陸の一部
◇**よく見る場所**　人家のまわりの林縁・藪・河川敷
◇**花・果実の時期**　8～9月、果実は10月頃熟す

キカラスウリ　つる性の多年草。葉は互生、広心臓形で3-7裂。雌雄別株。雄花の花序は長さ10-20㎝、萼筒は長さ3.5-4㎝。果実は長さ7-10㎝。写真：右上＝花、右下＝種、左＝果実時

キカラスウリ

黄烏瓜／別名ウカイ・ウシノシイ
ウリ科
Trichosanthes kirilowii var. *japonica*

若い葉は表面に毛があるがすぐに無毛になり、成葉は光沢がある。一方、カラスウリの葉は表面に粗い毛がありざらつく。キカラスウリの花も夜咲き性だが、日没後しばらくすると開き始め、翌朝まで開いている。少し涼しい日は昼近くまで写真の状態の花が見られることがある。果実はカラスウリの果実よりひとまわり以上大きく、黄色く熟し、和名はこの色に由来する。種《たね》は黒茶褐色で扁平。中高年世代には懐かしい天花粉（天瓜粉）は地下茎から採ったでんぷん。あせもに効くといって、夏の風呂上がりには大人も子どももつけていた。干した根は括楼根、干した種子は括楼仁といい、漢方薬として用いる。

◇**分布**　北海道〜九州・奄美大島
◇**よく見る場所**　人家のまわりの林縁
◇**花・果実の時期**　8〜9月、果実は10月頃熟す

シュウカイドウ　多年草。茎は高さ40-80㎝。葉は互生、長さ8-15㎝。雌雄同株。花は径2.5-3.5㎝。果実は長さ1.5-3㎝。写真：右＝花時、左上＝雌花、左下＝雄花

シュウカイドウ

秋海棠／別名ヨウラクソウ
シュウカイドウ科
Begonia evansiana

中国原産の多年草。江戸時代初期に日本に入り、和名は中国名「秋海棠」の音読みによる。庭の池のまわりなどに栽培されるが、山麓の林の中などに野生化し、しばしば大きな群落を見かける。地下茎は球形になり、毎年新しい地下茎のかたまりをつくる。茎、葉は水分が多く柔らかい。葉は左右ゆがんだハート形で、葉のつけ根に小さなむかごがつき、それが地面に落ちて新しい苗となり殖える。雌雄同株で雄花は多く、雌花の基部は3個の稜《りょう》が翼《よく》状に出る。全体に蓚酸《しゅうさん》を含むが食べられる。野菜サラダに花を散らすときれいで爽やかな酸味はドレッシングによく馴染む。

◇由来　中国南部～東南アジア原産、関東以西に見られる
◇よく見る場所　庭・人家のまわりの林の中
◇花・果実の時期　8～9月

クレオメ（セイヨウフウチョウソウ）　多年草。茎は高さ80-100㎝。葉は互生、掌状複葉で小葉は5-7個。花弁は長さ2.5㎝、雄しべの長さ6㎝ほど。果実は5-15㎝。写真：花時

クレオメ

Cleome／別名セイヨウフウチョウソウ・オイランソウ
フウチョウソウ科
Cleome hassleriana

明治初めに観賞用として入り、庭や公園などで栽培される。こぼれた種《たね》でよく育ち人家のまわりや河川敷など日当たりのよい場所に野生化している。茎や葉に粘り気のある毛が生えていて、葉柄基部に刺《とげ》が出るものもある。花は白色または淡紅紫色、茎の上部に集まり下から上へ咲き上る。花弁は4個、6個の長い雄しべが突き出る。花は夕方に開き翌日にしぼむ一日花。花の形を風に舞う蝶の姿に見立ててセイヨウフウチョウソウ（西洋風蝶草）とも、花魁の髪型にたとえてオイランソウとも呼ばれる。切り花にしようと茎を切るといやな臭いがする。これは茎や葉に含まれる揮発性物質で殺菌殺虫効果があるという。

◇**由来**　熱帯アメリカ原産、本州以西に見られる
◇**よく見る場所**　人家のまわり・道端・河川敷
◇**花・果実の時期**　6〜9月

マメグンバイナズナ　一年草または二年草。茎は高さ15-60㎝。根出葉は長さ5-15㎝。花弁は長さ0.8㎜ほど。果実は長さ2-4㎜。写真：左＝花時

ナズナ　二年草。茎は高さ10-50㎝。根出葉は長さ10㎝ほどまで。花弁は長さ2㎜ほど。果実は長さ5-8㎜。写真：右＝花時

ナズナとマメグンバイナズナ

薺／別名ペンペングサ、豆軍配薺／別名コウベナズナ
アブラナ科　ナズナ *Capsella bursa-pastoris*
マメグンバイナズナ *Lepidium virginicum*

ナズナは春の七草のひとつ。根生葉はロゼット状で羽状に深く切れ込み、茎の上部の葉は裂けない。果実は長い柄があり三角形で先端がくぼむ。別名ペンペングサはこの形を三味線の撥《ばち》にたとえたもの。和名は「撫《な》で菜」が語源というが、古くから「奈都奈」といったという説もある。正月の七草粥の主役。江戸時代には薺売りがいて野菜とされていた。茹でると鮮やかな緑色で甘味がありおいしい。

マメグンバイナズナは明治中頃の渡来。果実は縁が幅の広い翼《よく》になり先端がくぼむ。和名はグンバイナズナに比べて小さいため。グンバイナズナは果実を軍配に見立てたもの。

◇分布　ナズナは日本全土、北半球、マメグンバイナズナは北アメリカ原産、日本全土で見られる
◇よく見る場所　公園・道端・空き地・河川敷
◇花・果実の時期　2～6月、マメグンバイナズナ5～6月

ナノハナ　一年草。ハナナは茎の高さが1m以下であまり枝分かれしない。アブラナやセイヨウアブラナでは茎は高さ1m以上になり、よく枝分かれする。写真：右＝セイヨウアブラナ、左＝ハナナ

ナノハナ

菜の花
アブラナ科
Brassica

畑一面に咲くナノハナは春の訪れを知らせる花。雛《ひな》祭りに飾り、唱歌にも歌われている。切り花用や蕾《つぼみ》がついた茎を野菜や漬け物にするハナナ（花菜）と種《たね》から油を採るアブラナ（油菜）やセイヨウアブラナ（西洋油菜）などが栽培される。ハナナはチリメンハクサイから改良されたといわれ、葉は縮れて茎を抱き、花は密につく。アブラナやセイヨウアブラナは茎がよく枝分かれし、葉は茎を抱き、花はまばら。菜種油は食用だが、長い間灯火用にも使われてきた。よく似たセイヨウカラシナは葉の基部が茎を抱かない。蕾は菜花と呼ばれ、季節感が薄れた食卓に春を運ぶ。

◇**由来**　古くから野菜や菜種油用に栽培されてきたものをまとめて「ナノハナ」と呼ぶ
◇**よく見る場所**　畑地・道端
◇**花・果実の時期**　2～4月

オランダガラシ　多年草。茎は高さ20-60㎝。葉は互生、羽状複葉で長さ4-12㎝、小葉は3-4対。花は径4-5㎜。果実は長さ1-1.5㎝。写真：花時

オランダガラシ

和蘭芥子／別名クレソン・ミズガラシ
アブラナ科
Nasturtium officinale

ヨーロッパから入ったハーブのひとつで、明治初めに栽培されたものが野生化している。茎の節から糸のような細い根を出し繁殖するほか、ちぎれた茎からすぐに根を出し殖える。山間部の清流にも入るなど旺盛な繁殖力で広い範囲に生育している。花は白く小さく、茎の上部に集まってつく。果実は弓形に曲がり、熟すと裂けて種《たね》を散らす。全草に特有の辛味と苦味があり、肉料理の付け合わせやサラダに利用される。ヨーロッパでは、食欲を増し血液をきれいにする力があると信じて、古くから「春のサラダ」として食べられてきた。別名のクレソンはフランス語。

◇由来　ヨーロッパ・中央アジア原産、北海道～九州に見られる
◇よく見る場所　水辺
◇花・果実の時期　春～夏

ショカツサイ　一～二年草。茎は高さ20-50㎝。葉は互生、長さ3-8㎝幅1.5-3㎝。花は径3㎝。果実は長さ7-10㎝。写真：右＝果実時、左＝草姿

ショカツサイ

諸葛菜／別名オオアラセイトウ・ハナダイコン・シキンサイ
アブラナ科
Orychophragmus violaceus

路傍、空き地、河川の土手などの日当たりのよい場所に生える。中国原産で、江戸時代に日本に入り栽培されていた。普通に見られるようになったのは昭和の初めに入り「紫金《しきん》草《そう》」と名づけて広めたことによる。根生葉と茎の下の方につく葉はダイコンの葉に似ている。花は淡紫色～紅紫色、萼《がく》も同じ色、雄しべは葯《やく》の先が反り返り、花の中心に黄色が目立つ。果実は四角形に近く、熟すと裂けて種《たね》を散らす。和名のショカツサイは中国名「諸葛菜」から、オオアラセイトウのアラセイトウはストックのこと。ムラサキハナナともいう。若い葉や茎を茹でて食べ、種からは油も採れる。若芽は苦いので水にさらすとよい。

◇**由来**　中国原産、ほぼ日本全土で見られる
◇**よく見る場所**　庭・人家のまわり・道端・土手
◇**花・果実の時期**　3～5月

コモチマンネングサ　多年草。茎は高さ20-60㎝。葉は互生、長さ1-1.5㎝幅2-4㎜。花弁は長さ4-5㎜。
写真：花時

コモチマンネングサ

子持万年草
ベンケイソウ科
Sedum bulbiferum

やや湿り気の多いところに生える多肉質の多年草。茎は地面を這《は》う。茎の下の方につく葉は対生、上の方につく葉は互生する。葉のもとに小さな芽（むかご）ができ、これがぼろぼろ落ちて繁殖する。和名は小さな芽を子どもに見立てたもの。花は咲くが種《たね》はできない。河原や石垣などに生えるツルマンネングサがよく似ている。こちらは中国北部、朝鮮原産といわれ、古い時代に渡来したと考えられている。茎は長く伸びしばしば河川の護岸壁に大きな群落をつくり、鉄橋を渡る電車の窓から黄色に輝く景色が見られる。茎につく葉が3個ずつ輪生するのが見分けのポイントである。こちらも普通は種はできない。

◇分布　本州（東北南部）～沖縄、朝鮮、中国
◇よく見る場所　公園・道端・畑地・田のあぜ
◇花・果実の時期　5～6月

メキシコマンネングサ　多年草。茎は高さ10-15㎝。葉は普通4輪生、長さ1.3-2㎝幅2-3㎜。花弁は長さ4㎜ほど。写真：花時

メキシコマンネングサ

黒西哥万年草
ベンケイソウ科
Sedum mexicanum

道端、人家のまわり、空き地などに生える多肉質の多年草。メキシコで採取した種《たね》から育った個体をもとに発表したのでメキシコの名がついたが、原産地は不明。日本に入った時期もはっきりしないが、一九六九年に東京での帰化が報告された。茎は根もとで分かれてまっすぐに立ち全体に鮮やかな緑色で赤みはない。葉は柄はなく長い筒状、断面は楕円形、鮮やかな緑色で光沢があり先は丸みがある。葉は普通3～5個が輪生するが花のつく茎の葉は互生。よく結実して種《たね》ができる。よく似たオノマンネングサの葉は白っぽい緑色で光沢がなく、ほとんど種《たね》ができない。

◇**由来**　原産地不明、本州（関東以西）～九州に見られる
◇**よく見る場所**　人家のまわり・道端・空き地
◇**花・果実の時期**　4～5月

ヒマラヤユキノシタ　多年草。茎は高さ20-30㎝。葉は長さ7-15㎝ときに25㎝ほど。花は径2-2.5㎝。
写真：花時

ヒマラヤユキノシタ

ヒマラヤ雪下
ユキノシタ科
Bergenia stracheyi

アフガニスタン、パキスタンからネパール、チベットなどヒマラヤ地方原産の常緑の多年草。明治の初めに観賞用として日本に入り、現在も庭、花壇、鉢植えなどで栽培される。乾燥や寒さに強いが多湿に弱い。丈夫で育てやすいので、株分けされてあちこちに見られる。葉はご飯しゃもじのような形で、葉の質は艶がありベゴニアに似ている。春に、高さ20～30㎝の花茎に淡紅色あるいは白色の花が多数集まってつく。美しいが派手な感じがないところが好ましい花である。園芸品種もあり、別種どうしの交雑種も多くつくられているが、どれも区別せず「ヒマラヤユキノシタ」の名で流通している。

◇由来　ヒマラヤ地域原産
◇よく見る場所　庭・花壇・鉢植え
◇花の時期　3～4月

ユキノシタ　多年草。葉は地ぎわから出て長さ2-6㎝幅2-7㎝。花茎は高さ20-30㎝、花弁は上の3個が長さ3-5㎜下の2個は1-2.5㎝。果実は長さ4㎜ほど。写真：右＝花、左＝群落

ユキノシタ

雪下／別名キジンソウ・イワブキ・イワカズラ
ユキノシタ科
Saxifraga stolonifera

日陰の湿り気の多い岩の上などに群生する。昔から庭の隅や溝のまわりなどに植えられてきた。地ぎわを横に這《は》う茎は紅紫色で細く長く伸び、先端に新しい苗をつくり繁殖する。花弁は5枚、上側の3枚は短く濃い紅色の斑紋と下に黄色の斑紋がある。下側の2枚は長い。雄しべの葯《やく》は紅色。和名は雪の下でも葉が枯れずに残るからという説を初めいくつかの説がある。民間薬では生の葉は火傷、腫れ物、小児のひきつけに、乾燥した茎葉は煎じて解熱、解毒に効果があるとして利用された。葉は山菜料理にする。てんぷらにすると表面の粗い毛は苦にならず、肉厚の葉はほんのりとした甘味とぬめりがあり美味。

◇分布　本州（関東～近畿）
◇よく見る場所　庭・道端の石垣
◇花・果実の時期　5～7月

オヘビイチゴ　多年草。茎は横に這う。葉は掌状複葉、小葉は5個（茎の上部では3個）長さ1.5-5㎝。花は径8㎜ほど。写真：右＝花時、左＝果実

オヘビイチゴ

雄蛇苺／別名オトコヘビイチゴ・ウツマメ

バラ科

Potentilla sundaica var. *robusta*

公園、空き地、河川敷、田のあぜなどの湿り気の多いところに生える多年草。茎の下部は地面を這《は》うように伸び、半ばから上は斜めに立ち上がる。根もとから出る葉は長い柄があり5個の小葉が掌《てのひら》状に並ぶのが特徴。茎の上部につく葉は3個が多くミツバツチグリと迷うが、この特徴を確認すれば間違うことはない。和名はヘビイチゴに似て、それより大きいのでついたというが、ヘビイチゴの仲間ではなくキジムシロ属。花床はヘビイチゴのように赤くならず、果実は淡黄色でしわが多く、全体に乾いた感じである。漢方ではよく乾かした葉を「五葉草《ごようそう》」「蛇含《じゃがん》」と呼び、古くから頭のおできの薬に利用される。

◇分布　本州〜九州、朝鮮、中国、マレーシア〜インド

◇よく見る場所　公園・空き地・河川敷・田のあぜ

◇花・果実の時期　5〜8月

ヘビイチゴ　多年草。茎は細く横に這う。葉は3出複葉、小葉は長さ2-3.5㎝。花は径1-1.5㎝。果実は長さ1㎜ほどで、果実の集まった果托は径1㎝ほど。写真：右＝果実時、左＝花時

ヘビイチゴ

蛇苺／別名クツナワイチゴ・ドクイチゴ
バラ科
Duchesnea chrysantha

日当たりのよいところに普通に生える多年草。葉は3個の小葉が並ぶが、ときに下の2小葉が深く裂け5個に見えることがある。花弁は5個、5個の萼片《がくへん》の外側に幅の広い5個の副萼片がある。花のあと、花托《かたく》は水分を含んで大きくなり、表面に粒状の果実が並ぶ。果実は表面に細かいしわがあり光沢はない。甘味も苦味もなくまったく味がないので、まずくて二度と口にする気が起きない。毒はないので味見しても安心。蛇が食べるのかもしれないと考えて蛇苺の漢字を当てたのは古い時代の中国人。半日陰のところに生えるヤブヘビイチゴがよく似るが、こちらは花が大きく、果実の表面にしわがなく光沢がある。

◇分布　北海道～沖縄、台湾、中国～インドシナ
◇よく見る場所　草地・田のあぜ
◇花・果実の時期　4～5月

シナガワハギ　二年草。茎は高さ20-90㎝。葉は羽状複葉、小葉は3個、長さ1.5-3㎝。花穂は長さ2-15㎝、花は長さ4-6㎜。果実は長さ2-2.5㎜。写真：右＝シナガワハギ、左＝シロバナシナガワハギ

シナガワハギ

品川萩／別名エビラハギ
マメ科
Melilotus officinalis

アジア大陸原産の二年草。おもに海辺に近いところに野生化して、江戸末期に東京品川で採取されたのでこの名がついたという。茎はよく枝分かれして広がる。花は黄色、小さく穂状につく。果実（豆果）に1〜2個の種《たね》があり、果皮の表面にでこぼこのしわがある。全草乾燥すると桜餅の葉に似た香りがする。牧草にされ、花はミツバチの蜜源になる。

似た種類にシロバナシナガワハギがある。こちらは中央アジア〜ヨーロッパ原産の一〜二年草。白い花を米粒に見立ててコゴメハギとも呼ばれる。海辺に多いが内陸部の空き地などにも生える。茎の高さはシナガワハギより高く、果皮の表面は網目模様が入る。

◇**由来**　アジア原産、北海道〜沖縄に見られる
◇**よく見る場所**　道端・空き地・海岸・河川敷
◇**花・果実の時期**　7〜12月

コメツブツメクサ　一年草。茎は高さ10-50㎝。葉は羽状複葉、小葉は3個長さ0.5-1㎝。花穂はほぼ球形で径4-8㎜。花は長さ3-4㎜。果実は長さ2㎜ほど。写真：右上＝花、右下＝果実時、左＝群落

コメツブツメクサ

米粒詰草／別名キバナツメクサ・コゴメツメクサ
マメ科
Trifolium dubium

ヨーロッパ～西アジア原産の帰化植物。市街地の道端、河川の土手、畑地などの明るい草地に群生する。茎は初め長く柔らかい毛があるが、後にほとんど無毛。葉は3小葉でほとんど無毛。属名のトリフォリウムは3葉の意味で、この仲間はどれも3小葉。花の色は淡黄色～黄色で、後に淡黄褐色に変わり、枯れた花弁は豆果を包む。和名は小さい花を米粒に見立てたことによる。ヨーロッパ原産のクスダマツメクサがよく似ている。こちらは花の咲く時期が一月ほど遅い。花穂は卵円形で、鮮やかな黄色の小さな花が20個以上つき、花の後、花弁が大きくなるなどが違う。枯れた花弁は同じく豆果を包む。

◇由来　ヨーロッパ～西アジア原産、日本全土に見られる
◇よく見る場所　道端・畑地・河川の土手
◇花・果実の時期　4～7月

シロツメクサ　多年草。茎は横に這う。葉は羽状複葉、小葉は3個長さ1-3㎝、葉柄は長さ6-20㎝。花は長さ0.8-12㎝、花穂は径1.5-3㎝。果実は長さ4-5㎜。写真：右＝花時、左＝果実時

シロツメクサ

白詰草／別名クローバー・オランダゲンゲ・ツメクサ
マメ科
Trifolium repens

ヨーロッパ原産の帰化植物で、荒れ地、畑地、市街地などいたるところに普通に見られる。江戸時代にオランダ船で運ばれたガラス製品などの間にこの草を乾燥したものが詰められていたことから名がついた。クローバーとも呼ばれる。明治時代以降に牧草として導入され、広く野生化した。茎は地上を這《は》い、節から根を出して広がり大きな群落をつくる。葉は3つ葉が基本だが、まれに4つ葉もあり、幸福のシンボルとして人気が高い。群落の中から4つ葉を探すのは大変だが、栽培品が販売されている。淡紅色を帯びる花もある。豆果は下向きになり2～4個の種《たね》が入る。

◇**由来**　ヨーロッパ、アフリカ、西アジア原産、日本全土に見られる
◇**よく見る場所**　市街地・荒れ地・畑地
◇**花・果実の時期**　4～9月

ムラサキツメクサ　多年草。茎は高さ30-60㎝。葉は羽状複葉、小葉は3個長さ2-3.5㎝。花は長さ1.3-1.5㎝、30-70個が球形に集まる。果実は長さ3㎜ほど。写真：右上＝白花、右下＝果実時、左＝花時

ムラサキツメクサ

紫詰草／別名アカツメクサ
マメ科
Trifolium pratense

市街地、畑地、道路法面、そのほか日当たりのよい場所に普通に見られる多年草。明治初めにヨーロッパから牧草として輸入された。茎はまっすぐあるいは斜めに立ち、よく分枝する。葉は3小葉で表面に白い八字形の斑紋が入る。花茎の先に淡紅紫色の小さな花が30〜70個球状に集まって咲く。まれに白色もありセッカツメクサ（雪花詰草）と呼ばれる。花序のすぐ下に葉がつく。果実（豆果）は熟しても下向きにならない。豆果の中の種《たね》は1個。全体に毛が多い。和名はシロツメクサとの対比からつけられ、花の色からアカツメクサとも呼ばれる。

◇由来　ヨーロッパ、アフリカ、西アジア原産、日本全土に見られる

◇よく見る場所　市街地・荒れ地・畑地

◇花・果実の時期　4〜9月

ゲンゲ　二年草。茎は高さ10-30㎝。葉は羽状複葉、小葉は9-11個長さ0.8-1.5㎝。花は長さ1.2-1.4㎝、7-10個が集まって咲く。果実は長さ2-2.5㎝。写真：花時

ゲンゲ

紫雲英・翹／別名レンゲ・レンゲソウ・ホウゾウバナ
マメ科
Astragalus sinicus

中国原産で、水田の緑肥や飼料用に古くから栽培され、野生化もしている。ミツバチが飛び交う紅紫色の花の絨毯に入って遊んだ頃が懐かしい。長い花茎の先に小さな蝶形の花が輪になって並ぶ。花はまれに白色もある。果実（豆果）は舟形で少し曲がり、熟すと黒褐色。異様な感じでドキッとする。別名蓮華《れんげ》草《そう》は小さな蝶形の花が輪になって並んだ形をハスの花に見立てたことによる。レンゲ（蓮華）は仏教に関連するハスのことなのでこれを避け、レをゲとしてゲンゲと呼ぶようになったという。花には蜜が多くよい蜜源植物。花に砂糖と少量のレモン汁とゼラチンを加えて煮るときれいなジャムができる。

◇由来　中国原産、日本全土で見られる
◇よく見る場所　田畑・道端・土手・草地
◇花・果実の時期　4～6月

ヌスビトハギ　多年草。茎は高さ60-100㎝。葉は羽状複葉、小葉は3個、頂小葉は長さ4-8㎝。花は長さ4㎜。果実は長さ5-7㎜。写真：左＝花と果実時

ヤハズソウ　一年草。茎は高さ20-50㎝。葉は羽状、小葉は3個、頂小葉は長さ1-1.5㎝。花は長さ5㎜ほど。果実は長さ3.5㎜ほど。写真：右＝花時

ヌスビトハギとヤハズソウ

盗人萩、矢筈草／別名ヤハズハギ
マメ科　ヤハズソウ *Lespedeza striata*,
ヌスビトハギ *Desmodium podocarpum* ssp. *oxyphyllum*

ヌスビトハギの名は果実が盗人のようにそっと人のあとについてくるからとか、果実の形を盗人の足跡に見立てたとかの説がある。子供たちは眼鏡に見えるという。果実は扁平で普通は2個、その間は深くくびれて横に切れる。このような形の果実は節豆果と呼ばれる。果実の表面に先がかぎのように曲がった毛が密生し、動物の体や衣服にくっついて種《たね》は遠くまで運ばれる。通りかかったものに付着できるように斜めに倒れている。

ヤハズソウの名は小葉を引っ張ると矢筈形に切れるため。ハサミグサと呼んで子供たちが遊びに使った。

◇分布　ヌスビトハギは北海道～沖縄、朝鮮、中国～ヒマラヤ、ヤハズソウは北海道～沖縄、朝鮮、中国

◇よく見る場所　公園・道端・空き地・林の縁

◇花・果実の時期　7～9月、ヤハズソウは8～10月

カラスノエンドウ　つる性の一～二年草。つるは長さ150cmほど。葉は羽状複葉、小葉は8-16個長さ2-3cm。花は長さ1.2-1.8cm。果実は長さ3-5cm。写真：右＝花時、左上＝果実、左下＝托葉の蜜をなめるアリ

カラスノエンドウ

烏豌豆／別名ヤハズエンドウ・ノエンドウ
マメ科
Vicia angustifolia

田畑のまわり、道端、空き地、河川の土手の下などの日当たりのよいところに普通に生える。葉は8～16個の小葉からなり、先端が3つに分かれた巻きひげになってほかのものに絡んで伸びる。葉の下の托葉《たくよう》に黒い蜜腺《みつせん》があり、アリがきて蜜をなめている。横取りしてなめてみるとほのかな甘味があった。萼片《がくへん》にも蜜腺があるが、アリがくるかどうかわからない。花は葉のつけ根に2～3個並び、淡紅色から紅紫色。豆果は熟すと黒くなり、果皮が2つに裂け、よじれて種《たね》を弾き出す。和名は果実の色を烏にたとえたものだという。葉先が矢筈状にへこむのでヤハズエンドウとも呼ぶ。

◇分布　本州～沖縄、ユーラシアの暖温帯
◇よく見る場所　道端・空き地・土手・田畑のまわり
◇花・果実の時期　3～6月

ナヨクサフジ　つる性の多年草。葉は羽状複葉、小葉は長さ1.5-3㎝。花穂は長さ5-18㎝、花弁は長さ1-2㎝。萼裂片は萼筒より短い。写真：右上＝花、右下＝果実時、左＝花時

ナヨクサフジ

弱草藤
マメ科
Vicia villosa ssp. *varia*

ヨーロッパ原産のつる性の多年草。緑肥・肥料用に日本に入り、道端、河川の土手、荒れ地、墓地の通路など、日当たりのよいところに野生化している。初めはあまり広がっていなかったが、近年、すごい勢いで繁殖し始めている。つるはほかのものに絡みついて長く伸びるため、植込みなどを覆いつくすことがある。青紫色の花が穂状につき、遠くからでもわかるほど目立つ。花柄が萼《がく》の下側にT字型につくため、萼の後端が柄の後ろに突き出る。よく似たクサフジは花柄が萼の後端につく。和名は、山地の草原に生えるクサフジに比べてつるがやや細く、なよなよとしているという意味だが、実際はなかなか丈夫。

◇**由来**　ヨーロッパ原産、北海道〜沖縄に見られる
◇**よく見る場所**　道端・空き地・土手・田畑のまわり
◇**花・果実の時期**　5〜8月

クズ　つる性の多年草。つるは長さ20mほど。葉は羽状複葉、小葉は3個長さ10-15㎝。花穂は長さ20㎝ほど、花は長さ1.8-2㎝。果実は長さ6-8㎝。写真：右＝花時、左＝果実

クズ

葛／別名クズカズラ・マクズ
マメ科
Pueraria lobata

秋の七草のひとつ。山野のいたるところに生える。つるは20m以上も伸びて林や土手を覆いつくすほど繁殖力は旺盛。花は夏に咲き、自分のありかを知らせるように化粧品に似た甘い香りを周辺に漂わせる。日本人の生活文化に深く根ざしている植物で、根茎は風邪薬の葛根湯《かっこんとう》の原料として有名。つるの繊維から葛布を織って着物にしたり、太い根茎を叩きほぐして水に漬けてでんぷんを採り、さらに何度も水に晒してつくった葛粉《くずこ》は料理や菓子の材料に使い、二日酔いには乾燥した花を煎じて飲むなど利用は多い。外国では緑化、土壌改良などに植えられる。和名は奈良県の国《く》栖《ず》が葛粉の産地であったためといわれる。

◇**分布**　北海道〜九州、フィリピン、中国〜ニューギニア
◇**よく見る場所**　林の縁・草地・土手
◇**花・果実の時期**　8〜9月、花には香りがある

ツルマメ　つる性の一年草。葉は羽状複葉、小葉は3個長さ3-8㎝。花は長さ5-8㎜。果実は長さ2.5-3㎝。写真：左上＝花時、左下＝果実

ヤブマメ　つる性の一年草。葉は羽状複葉、小葉は3個長さ3-6㎝。花は長さ3-4㎜。果実は長さ2.5-3㎝。写真：右上＝花時、右下＝果実

ツルマメとヤブマメ

蔓豆／別名ノマメ、藪豆／別名ギンマメ
マメ科　ツルマメ *Glycine max* ssp. *soja*、ヤブマメ *Amphicarpaea bracteata* ssp. *edgeworthii* var. *japonica*

ツルマメもヤブマメも日当たりのよい場所に生える一年草。ツルマメの果実（豆果）は長さ2～3㎝、種《たね》が2～4個入る。まだ未熟な緑色の豆果は枝豆のようで、観察会で大豆の原種といわれているというと「ビールが飲みたい」という声が上がる。実際に茹でて食べると枝豆のようでおいしいが、小さすぎるのが難点。学名のsojaは醤油の意味。

ヤブマメの豆果は扁平で中に3～5個の種がある。秋の終わり頃、根もとから地下茎が伸び地中に閉鎖花がついて結実し1個の種をつくる。この種はアイヌ民族の食料にされたといわれ、栄養があり美味という。

◇分布　ツルマメは本州～九州、朝鮮、中国、シベリア、ヤブマメは北海道～九州、朝鮮、中国

◇よく見る場所　道端・空き地・線路脇・河川敷の藪

◇花・果実の時期　8～9月、ヤブマメは8～10月

コマツヨイグサ　二年草。茎は高さ60㎝ほど。茎の葉は互生、長さ2-10㎝幅0.4-3.5㎝。花は径1㎝ほど。果実は長さ2-5㎝。写真：右＝花時、左上＝花の正面、左下＝果実時

コマツヨイグサ

小待宵草／別名キレハマツヨイグサ
アカバナ科
Oenothera laciniata

明治末頃に入り、昭和になって各地に広がった。荒れ地、河川敷、海辺の砂地、墓地など日当たりのよい場所に見られ、海辺や河川敷では足の踏み場がないほど群生することがある。茎は根もとから枝分かれして直立するか地面を這《は》う。葉はキレハマツヨイグサとも呼ばれるように深く羽状に裂けるものやほとんど裂けないものまである。全体に柔らかい毛があり、茎の上部や花序に堅い毛や腺毛《せんもう》が混じる。花は夕方に開き翌朝にしぼんで淡黄色から橙色に変わる。花は自家受粉するので、確実に果実ができる。果実は中に多数の種《たね》があり、熟すと裂け目から散り落ちる。

◇**由来**　北アメリカ原産、本州（関東以西）～九州に見られる
◇**よく見る場所**　荒れ地・河川敷・海辺の砂地
◇**花・果実の時期**　4～11月

メマツヨイグサ　二年草。茎は高さ0.3-2m。茎の葉は互生、長さ5-22㎝幅1-6㎝。花は径5㎝ほど。果実は長さ2-4㎝。写真：右＝花、左＝花時

メマツヨイグサ

雌待宵草
アカバナ科
Oenothera biennis

明治中頃に入り、河川敷、空き地、道端などの日当たりのよい場所に生える。茎に上向きの毛があり、毛の根もとはあまりふくれず赤くない。花は夕方に開き翌朝しぼむ。花弁と花弁の間にすき間はない。花はしぼんでも赤くならない。自家受粉するので果実はよくできる。果実が熟すと先端が4つに裂けて多数の細かい種《たね》が散り落ちる。花弁と花弁の間にすき間があるものはアレチマツヨイグサというが、メマツヨイグサと区別の難しいものも多い。オオマツヨイグサはヨーロッパでつくられた園芸品種といわれ、明治初めに日本に入り、各地に広がった。茎に堅い毛があり、毛の根もとはふくれて暗赤色の点になる。

◇**由来**　北アメリカ原産、北海道〜九州に見られる
◇**よく見る場所**　荒れ地・河川敷・海辺の砂地
◇**花・果実の時期**　6〜10月

ヒルザキツキミソウ　多年草。茎は高さ4-130㎝。茎の葉は互生、長さ2.5-9㎝幅0.3-3.2㎝。花は径5㎝ほど。果実は長さ0.5-1.2㎝。写真：花時

ヒルザキツキミソウ

昼咲き月見草
アカバナ科
Oenothera speciosa

北アメリカ原産の多年草。大正末期に観賞用として日本に入ったものが、人家周辺や空き地などの日当たりのよい場所に野生化している。花は淡紅色または白色、昼間開く。花弁は4枚。蕾《つぼみ》のときは下を向いているが、開くと上向きになる。白色の花はしぼむと淡紅色に変わる。果実は細く種《たね》はほとんどできない。和名は昼も花が開いていてツキミソウに似ていることからついた。ツキミソウは南アメリカ原産の二年草。江戸末期に日本に入った。花は白色、夜間に開き、明け方にしぼんで淡紅色に変わる。種はできる。まれに野生化している程度で、繁殖力は弱い。

◇**分布**　北アメリカ南部〜メキシコ原産、本州〜四国に見られる
◇**よく見る場所**　人家周辺の空き地・道端
◇**花・果実の時期**　6〜8月

ユウゲショウ　多年草。茎は高さ7-65cm。茎の葉は互生、長さ1-6cm幅0.4-2.5cm。花は径1cmほど。果実は長さ2-4cm。写真：花時

ユウゲショウ

夕化粧／別名アカバナユウゲショウ
アカバナ科
Oenothera rosea

明治中頃に観賞用として日本に入ったといわれる。現在も栽培され、関東以西では河原、人家周辺の空き地や道端などの日当たりのよい場所に野生化している。根もとに生える葉は深く羽状に裂ける。茎の上部の葉の腋《わき》に淡紅色から淡紅紫色の花をつける。花弁に濃い色の筋が入り雌しべの柱頭は4つに裂けて平らに開き目立つ。果実は先が太く8つに角張り、断面は八角形。熟すと割れて小さな種《たね》が落ちる。和名は夕暮れに花が開くことによる。別名はアカバナに似て夕方に花が開くためだが、昼間開いている花も多い。アカバナは湿地に生え、葉は対生し、種に長い毛がある。

◇**分布**　北アメリカ南部〜南アメリカ原産、本州〜四国に見られる
◇**よく見る場所**　人家周辺の空き地・道端
◇**花・果実の時期**　5〜9月

ヤマモモソウ　半低木状の多年草。茎は高さ50-120㎝。葉は互生、長さ3.8-9㎝。花は長い花穂にまばらにつき、長さ2㎝ほど。写真：花時

ヤマモモソウ

山桃草／別名ガウラ・ハクチョウソウ（白蝶草）
アカバナ科
Gaura lindheimeri

明治中頃に日本に入り栽培されていたとされ、花壇や庭で観賞されていたものが人家周辺に野生化し始めた。平成に入ってから急速に広がり場所によっては邪魔者扱いされるほど繁殖している。直立した細い茎の先に多数の花が穂状につく。花は、白色、淡紅色、淡紅紫色など。花弁4枚。雄しべと雌しべは長く目立つ。性質は強く、こぼれ種《だね》でよく殖える。和名は淡紅色の花をモモの花に見立てたもの。別名は白色の花を蝶に見立ててつけられた。属名からガウラとも呼ばれる。公園、植物園、園芸店などでこの3つの名前のどれかが使われている。名前は違っても花の形に違いはなく、初心者泣かせの花である。

◇**由来**　北アメリカ原産
◇**よく見る場所**　人家周辺の空き地
◇**花・果実の時期**　夏〜秋

エノキグサ　一年草。茎は高さ20-40㎝。葉は互生、長さ3-7㎝幅1-4㎝。雌雄同株。雌花は花穂の基部に、雄花は花穂の上部について穂状となる。果実は径3㎜ほど。写真：花時

エノキグサ

榎草／別名アミガサソウ
トウダイグサ科
Acalypha australis

空き地、道ばたなどの日当たりのよい場所に生える一年草。茎はまっすぐに立ち、高さ30〜50㎝になる。雌雄同株。葉のつけ根に花序が出て、上部に赤褐色の小さな雄花が穂状につき、花穂のつけ根に編笠の形をした総苞《そうほう》がつく。総苞から雄花が突き出た形は小さな燭台のようで、地味だがしゃれた花である。雌花は総苞の基部に抱かれるように上向きにつく。雄花は開花すると花被から白い葯《やく》が出て、花粉を持ったまま総苞の中に落ちて、雌花に直接受粉するという。和名は葉の形がエノキの葉に似るため。別名のアミガサソウは雌花の基部にある総苞の形を編笠に見立ててつけられた。

◇**分布**　北海道〜沖縄、台湾、アジア東部
◇**よく見る場所**　空き地・道端・畑地
◇**花・果実の時期**　8〜10月

オオニシキソウ　一年草。茎は高さ20-60㎝。葉は対生、長さ1.2-2㎝幅0.8-1㎝。花は小さく、花序をなす。果実は長さ1.8㎜ほど。写真：右＝草姿、左＝花

オオニシキソウ

大錦草
トウダイグサ科
Chamaesyce nutans

北アメリカ〜中央アメリカ原産で明治末期に渡来した。道端、空き地、川の土手など日当たりのよい場所に生える。群生している場所が多くなり、勢力を拡大していることがわかる。茎は紅色を帯び直立あるいは斜めに立ち上がり、ほかのニシキソウ類と比べてかなり大型。花は杯状花序をなし枝先や枝の分かれ目につく。壺形の総苞《そうほう》に腺体《せんたい》があり蜜を分泌する。腺体の付属体は白色かわずかに紅色を帯び、大きく花弁のように見えなかなか愛らしい。果実の表面は毛がなくすべすべしている。茎を切ると白い乳汁が出て、皮膚につくと炎症を起こすことがある。有毒植物。

◇**由来**　北アメリカ〜中央アメリカ原産、本州〜九州に見られる
◇**よく見る場所**　道端・空き地・畑地・河原の土手
◇**花・果実の時期**　6〜11月

コニシキソウ　一年草。茎は地面を這い、長さ6.5-38㎝。葉は対生、長さ0.5-1.5㎝幅0.5㎝ほど。花は小さく、花序をなす。果実は長さ1.3㎜ほど。写真：右上＝花、下＝草姿

コニシキソウ

小錦草
トウダイグサ科
Chamaesyce maculata

明治中頃に日本に入って各地に広がり、庭、道端、空き地などいたるところに生える。葉の表面に暗紫色の斑紋が入る。茎には縮れた白色の毛があり、茎を切ると白い乳汁が出て、皮膚につくと炎症を起こすことがある。夏から秋、葉の腋《わき》に小さな杯状花序がつく。壺形の総苞《そうほう》の縁にくすんだ淡紅紫色の腺体《せんたい》があり蜜を分泌する。総苞の中に数個の雄花と1個まれに2個の雌花がある。果実の表面に白色の寝た毛が密生する。在来種のニシキソウは茎に赤みがあり、葉の表面の斑紋はほとんど目立たず、果実の表面は無毛。両種とも有毒植物だが、薬用に使われることもある。

◇**由来**　北アメリカ～中央アメリカ原産、北海道～沖縄に見られる
◇**よく見る場所**　庭・道端・空き地・畑地
◇**花・果実の時期**　6～12月

エビヅル　つる性落葉樹。葉は対生、長さ幅とも5-8㎝。雌雄別株。花序は6-12㎝。果実は径6㎜ほど。写真：左上＝花時、左下＝果実時

ノブドウ　つる性の多年草。葉は互生、長さ6-12㎝。花穂は径3-6㎝、花は径3㎜ほど。果実は径6-8㎜。写真：右上＝花時、右下＝果実

ノブドウとエビヅル

野葡萄／別名ウマブドウ・ザトウエビ、蝦蔓／別名イヌブドウ
ブドウ科　エビヅル *Vitis thunbergii*、
ノブドウ *Ampelopsis brevipedunculata* var. *heterophylla*

ノブドウの果実は丸く、淡緑色、紫色、緑青色、黒紫色など色とりどりで美しく、道行く人の興味をひくが、まずくて食べられない。開花期の雌しべにノブドウミタマバエが卵を産みつけ、虫こぶになる果実が多い。

エビヅルは若い葉に灰白～淡紅褐色のくも毛が密生し、後に表の毛はほとんど落ちるが裏は密生したままで、表裏の色がはっきり違う。葉は3～5裂するが、裂け方はいろいろあり、特に深く裂けるものはキクバエビヅルと呼ぶ。果実は秋に黒く熟し甘酸っぱく食べられる。生食すれば疲労回復に効くという。

◇**分布**　ノブドウは北海道～沖縄、エビヅルは本州～九州、朝鮮

◇**よく見る場所**　ノブドウは空き地・野原・河川敷、エビヅルは公園・林の縁

◇**花・果実の時期**　7～8月、エビヅルは6～8月

ヤブガラシ　つる性の多年草。葉は互生、小葉は5個、頂小葉は長さ4-8㎝。花は径5㎜ほど。果実は球形、黒く熟す。写真：右＝果実時、左＝花時

ヤブガラシ

藪枯らし／別名ビンボウカズラ
ブドウ科
Cayratia japonica

庭、荒れ地などに普通に生えるつる性の多年草。夏の盛りの朝、緑色の4弁が咲く。花弁と雄しべは午前中に散り落ちるが、涼しい時期には昼頃まで残っている。花弁が落ちたあと雌しべとその子房を囲む花盤《かばん》が残る。花盤は初め黄赤色、やがて淡紅色に変わる。花盤から蜜が分泌され、なめてみるとかなり甘い。目立つ花盤の色で昆虫を誘い、甘い蜜をご馳走して花粉を運ばせる。果実は熟すと黒くなる。ヤブガラシの名は、地下茎を盛んに伸ばし、地上にすごい勢いでつるを蔓延させ、藪まで枯らしてしまうことから。庭の植木や生け垣などに繁茂すると、家がみすぼらしく見えるためビンボウカズラの名もある。

◇分布　北海道～沖縄、朝鮮、中国～インド
◇よく見る場所　庭・道端・荒れ地
◇花・果実の時期　7～8月

ムラサキカタバミ　多年草。葉は根生、小葉は3個幅2-4.5㎝。花は径1.5㎝ほど。果実は長さ1.7-2㎝ほど。写真：左上＝花時、左下＝鱗茎

イモカタバミ　多年草。塊茎は径3㎝ほど。小葉は3個長さ幅とも1.5-4㎝。花は径1.5㎝ほど。写真：右上＝花時、右下＝塊茎

イモカタバミとムラサキカタバミ

芋酢漿草／別名フシネハナカタバミ、紫酢漿草

カタバミ科　イモカタバミ *Oxalis articulata*、ムラサキカタバミ *O. corymbosa*

南アメリカ原産の帰化植物。戦後いつの間にか入り、観賞用に栽培もされて、道端、空き地、家のまわりなどで普通に見られる。花は紅紫色、花弁の基部は濃くなる。雄しべは10個あり、5個は長く5個は短い。葯《やく》は黄色で花粉ができる。地中の塊茎は球形で数珠状に連なり、塊茎から葉が出て大きな株をつくる。殖えすぎた株を除草しようとして塊茎をちぎると、そこから新しい個体が育ちかえって殖えてしまう。別名のフシネハナカタバミは塊茎の形による。よく似たムラサキカタバミは、地中に小さい鱗茎をつくり繁殖する。花期は6～9月と比較的短く、花弁の色は淡紅紫色。葯は白色で花粉はできない。

◇**由来**　南アメリカ原産、本州～九州に見られる

◇**よく見る場所**　家のまわり・道端・空き地

◇**花・果実の時期**　4～10月

カタバミ　多年草または一年草。茎は横に這う。葉柄は長さ2-7㎝、小葉は3個、幅0.5-2.5㎝。花は径8㎜ほど。果実は長さ1.5-2.5㎝。写真：花時

カタバミ

酢漿草・酸漿草／別名スイモノグサ・スグサ
カタバミ科
Oxalis corniculata

春から晩秋まで花が見られるが、石垣やコンクリートのすき間など夜間も保温されるような場所では冬でも花が咲いている。果実は円柱形で上向きにつき、熟すと裂け目から種《たね》が弾け出る。葉は暗くなると眠るように閉じ、閉じた葉の一方が欠けたように見えることから「傍食《かたばみ》」の名がついた。葉が赤みがかったものをウスアカカタバミ、葉が暗紅紫色で黄色の花弁の基部が橙赤色になるものをアカカタバミという。属名のオキザリスは「酸っぱい」に由来し、この仲間には蓚酸が含まれ酸味がある。生の葉で10円銅貨を磨くと蓚酸の作用でピカピカになる。大人も子どもも目を丸くする、誰でも失敗なくできる実験である。

◇**分布**　北海道～九州、世界の熱帯～温帯
◇**よく見る場所**　人家のまわり・道端・草地・空き地
◇**花・果実の時期**　5～9月

ゼラニウム　多年草。茎は高さ20-30㎝を中心に多様な品種がある。葉は円状心臓形から腎臓形。花は径2㎝ほど。写真：花時（右＝一重咲き、左＝八重咲き）

ゼラニウム

Geranium／別名テンジクアオイ（天竺葵）
フウロソウ科
Pelargonium × hortorum

ゼラニウムは観賞用に暖地では庭や花壇に寒い地域では鉢植えで栽培される。特有の強い臭いが全草に含まれ、揮発性のため傷つけなくても周囲に臭いが漂う。臭いは虫除けに効果があるといわれ、蚊除けの成分を多く含むように改良された品種もある。人が嗅ぐとイライラをしずめ、気分を明るくする効果があるという。現在栽培されるものは交配による園芸品種がほとんどで、葉の形、花の色、花弁の形などいろいろ。ゼラニウムと呼ぶのはかつてフウロソウ属に含まれていた名残。江戸時代に渡来し、テンジクアオイ、モンテンジクアオイと呼ばれていた。

◇**由来**　南アフリカ原産の種を中心に交配によってつくられた園芸品種
◇**よく見る場所**　庭・花壇・鉢植え
◇**花・果実の時期**　四季咲き性

アメリカフウロ　一年草。茎は高さ10-60㎝。葉は対生、幅3-5㎝で深く切れ込む。花は径2㎝ほど。果実は長さ1.5-2㎝。写真：右＝果実時、左＝花時

アメリカフウロ

亜米利加風露
フウロソウ科
Geranium carolinianum

北アメリカ原産の帰化植物。昭和の初めに京都で見つかり、道端、空き地、河川の土手、畑のまわり、墓地などの日当たりのよいところに普通に見られる。旺盛な繁殖力で、またたくまに各地に広がった。茎は斜めに立ち上がり、多くの枝を分け、ごく細かい毛と腺毛《せんもう》が密生する。葉はほとんど基部近くまで深く5〜7つに裂ける。花の色は淡紅色。萼片《がくへん》の先は堅い棒状の突起になる。果実は熟すと裂けて中の種《たね》を弾き飛ばす。種の表面に網目状の隆起がある。日本産のフウロソウ属の種《たね》には普通は網目がない。ほかのフウロソウの仲間に比べて、花が小さく、葉も繊細で、どことなく可愛らしい。

◇**由来**　北アメリカ原産、本州〜沖縄に見られる
◇**よく見る場所**　道端・空き地・土手・畑地・墓地
◇**花・果実の時期**　3〜6月

ゲンノショウコ　多年草。茎は高さ30-50㎝。葉は対生、幅1-8㎝で、下部の葉は5つ上部の葉は3つに切れ込む。花は径1-1.5㎝。果実は長さ2㎝ほど。写真：右＝白花、左上＝淡紅花、左下＝裂開した果実

ゲンノショウコ

現証拠／別名フウロソウ・ミコシグサ
フウロソウ科
Geranium nepalense ssp. *thunbergii*

道端、人家のまわり、草地などの日当たりのよい場所に普通に生える多年草。茎は地を這《は》うように伸びる。全体に毛があり、茎の上部、葉柄、花柄、萼片《がくへん》には腺毛《せんもう》が混じる。花は花柄の先に普通2個ずつ対になってつく。花は、西日本では紅紫色、東日本では淡紅色から白色が多いが、庭などで栽培された紅紫色のものが人家周辺に野生化している。果実は熟すとくちばし状に伸びた部分が5つに裂けて巻き上がり種《たね》を弾き飛ばす。この形を御輿に見立ててミコシグサとも呼ばれる。昔から下痢止めの民間薬として用いられ、煎じて飲むとすぐに効き目が現れることから「現の証拠」の名がついた。

◇分布　南千島・北海道〜奄美大島、朝鮮、台湾
◇よく見る場所　人家のまわり・道端・草地
◇花・果実の時期　7〜10月

ホウセンカ　一年草。茎は高さ30-70㎝。葉は互生または対生、長さ5-7㎝幅2㎝。花は径4㎝ほど。果実は長さ1.5-2㎝。写真：左＝花時

ツリフネソウ　多年草。茎は高さ50-80㎝。葉は互生、長さ6-14㎝幅4-7㎝。花は径2.5-2.7㎝長さ3.5-4㎝。果実は長さ1-2㎝。写真：右＝花時

ホウセンカとツリフネソウ

鳳仙花／別名ツマクレナイ・ツマベニ、吊舟草
ツリフネソウ科
ホウセンカ*Impatiens balsamina*、ツリフネソウ*I. textori*

ホウセンカは室町時代に中国から渡来した。庭、公園などに観賞用に植えられ、人家のまわりに野生化している。花の色は紅紫、淡紅、白、赤、紫など変化が多く、花弁は5枚の一重咲きのほか八重咲きもある。熟した果実に触れると果皮が急に裂けて内側に巻き黒褐色の小さな種《たね》が勢いよく飛び散る。属名のインパチエンスは不忍耐、気短、怒りっぽいなどの意味で、熟した果実が勢いよく裂けることから。別名はこの花とカタバミの葉を揉《も》み合わせて爪を赤く染めて遊んだことから。山野に生えるツリフネソウ、キツリフネ、ハガクレツリフネはこの仲間である。

◇由来　ホウセンカはインド・中国南部原産、ツリフネソウは北海道～九州、朝鮮、中国
◇よく見る場所　庭・公園、ツリフネソウは日陰地
◇花・果実の時期　夏、ツリフネソウは8～10月

セリ　多年草。茎は高さ20-80㎝。葉は対生、羽状複葉は長さ7-15㎝。花房は径3-5㎝。果実は長さ3㎜ほど。写真：右上＝ロゼットの頃、左＝花時

セリ

芹／別名シロネグサ
セリ科
Oenanthe javanica

水田や湿地に生える多年草。特有の香りがあり、香味野菜として親しまれている。細い地下茎を伸ばし先に新芽を出して殖える。浅い水の中に生えるものは茎が高くなる。夏に小さい白い花が茎の先に傘のような形に集まって咲く。春の七草のひとつ。正月の七草粥にセリは欠かせない。正月頃の田んぼに生えるセリは地面につく形で色が紫褐色、野菜で見る姿とかなり違っている。春に少し育った葉を採取し山菜料理にする。甘味と香りがありファンが多い。和名は競りあって群生する様子からきている。有毒植物のドクゼリがよく似ているが、根茎は太くて竹のような節のあることが特徴。セリの地下茎は細く白い。

◇**分布**　北海道～沖縄、台湾、中国～インド
◇**よく見る場所**　水田・湿地
◇**花・果実の時期**　7～8月

オヤブジラミ　二年草。茎は高さ30-70㎝。葉は互生、長さ5-10㎝で羽状に裂ける。花房に3-8花がつく。果実は長さ2.5-4㎜。写真：右上＝ヤブジラミ、右下＝オヤブジラミの果実時、左＝同じく花時

オヤブジラミ

雄藪虱
セリ科
Torilis scabra

道端、空き地、藪の縁などに普通に生える二年草。茎や葉に細かい毛が生える。葉は複雑な形に細かく裂ける。花のつく枝の先から長短のある多数の花柄が放射状に出て、それぞれの先に小さな白い5弁花をつける。花弁の縁は赤紫色を帯びるものが多い。果実は赤紫色を帯び、全面に先が曲がった小さい刺《とげ》が生え、動物の体や人の衣服について運ばれる。和名は藪に生えて、果実が衣服などにつくのをシラミにたとえたもの。同じ仲間のヤブジラミがよく似ており、ときに混ざって生えていることがある。ヤブジラミは、花柄が短く、花弁は白色、果実は赤紫色を帯びず、花期はやや遅い、などの違いがある。

◇**分布**　本州～沖縄、朝鮮、台湾、中国
◇**よく見る場所**　道端・空き地・藪の縁
◇**花・果実の時期**　5～7月

コナスビ　多年草。茎は地面を這うように伸びる。葉は対生、長さ1-2.5㎝幅0.7-2.5㎝。花は径6-7㎜。果実は径4-5㎜。写真：右上＝花、下＝草姿

コナスビ

小茄子
サクラソウ科
Lysimachia japonica

山地から低地の道端や草原に普通に生える多年草。やや湿ったところを好み、庭や公園の隅などにもよく見られるが小さくて目立たない。茎に柔らかい毛があり、初めは斜めに立ち、伸びると地面を這《は》って四方に広がる。葉はほぼ卵形に近く先は短くとがる。花冠《かかん》は深く5つに裂けて平らに開き、光沢がある。果実は丸く、表面にまばらに毛があり、深く5つに裂けた萼片《がくへん》に包まれ、熟すと5つに裂けて多数の種《たね》を散らす。種は黒色で表面に小さな突起がある。和名は果実を小さなナスに見立てたもの。数あるナスの中で、山形県庄内地方の「民田《みんでん》茄子」がイメージにあっているかもしれない。

◇**分布**　北海道～沖縄、中国、インドシナ、マレーシア
◇**よく見る場所**　庭・公園の隅・道端・草地
◇**花・果実の時期**　5～6月

サクラソウ　多年草。葉は根ぎわに集まり、長さ4-10㎝幅3-6㎝。花茎は高さ15-40㎝。花は径2-3㎝、筒部は長さ1㎝ほど。果実は径3㎜。写真：右＝花時、左＝自生地の群落

サクラソウ

桜草／別名ニホンサクラソウ
サクラソウ科
Primula sieboldii

高原から低地の川岸までの湿地に生える。埼玉県荒川流域にある田島ヶ原の群生地は国の特別記念物。さらに下流にある北区の浮間もサクラソウの自生地で知られていたが、現在はなく、鉢植えで栽培されて種は保存されるのみ。江戸時代から観賞され、多くの園芸品種がつくられた。花は紅紫色で個体により多少濃淡があり、まれに白色もある。花には雄しべが花筒の下の方につき雌しべが長く丸い柱頭が見えるピン型と雄しべが花筒の上の方につき黄色の葯《やく》が見えるブラシ型の2つの型があり、それぞれ独立した株になる。ピン型同士やブラシ型同士の花粉をつけても結実せず、両者をかけ合わせるとよく結実する。

◇分布　北海道南部〜九州、朝鮮、中国、シベリア東部
◇よく見る場所　公園・庭
◇花・果実の時期　4〜5月

アサザ　多年草。葉は長い柄があり、葉身は径5-10㎝。花柄は長さ3-12㎝、花は径3-4㎝。果実は狭卵形。写真：花時

アサザ

別名ハナジュンサイ
リンドウ科
Nymphoides peltata

水のきれいな池や沼に生える多年性の水草。水底の泥の中を地下茎が横に伸びて、そこから太く長い茎が出て、長い葉柄をもつ葉がつき、葉は水面に浮かぶ。梅雨時から夏の終わり頃にかけて、葉の腋《わき》から数本の花柄を伸ばし水面に突き出て鮮やかな黄色の花が咲く。花冠《かかん》は5つに深く切れ込み、縁は波打ち糸状に細く裂ける。早朝に開き、午後には閉じてしまう1日花。果実は熟すと裂けて、種《たね》は水面に落ちて浮き、水に流されて広がる。水環境の変化で自生地が減少し絶滅危惧種に指定されている。種の保存や実物展示として都会の公園の池や水瓶などに植栽されるようになり、身近に見る機会が多くなった。

◇**分布**　本州〜九州、ユーラシアの温帯
◇**よく見る場所**　池・沼地
◇**花・果実の時期**　6〜8月

コケリンドウ　二年草。茎は高さ3-10㎝。葉は対生、根もとの葉は長さ1-4㎝、茎の葉は長さ4㎜ほど。花は長さ1-1.5㎝。写真：上＝花時、右下＝果実時

コケリンドウ

苔竜胆
リンドウ科
Gentiana squarrosa

日当たりのよい芝地に生える二年草。多くは芝生に埋もれるように生え、根もとのロゼット葉の中心から茎を数多く伸ばす。花冠《かかん》の上部は5つに裂け、裂片の間に副片と呼ぶ花弁がある。萼片《がくへん》の先が強く反り返るのが特徴。ハルリンドウも根もとにロゼット葉があるが、萼片の先は反り返らない。花は日が陰ると閉じる。リンドウの仲間は山に生えるものが多いが、コケリンドウは都会の芝生の中などでも見られる。可憐な花が咲いていても忙しい都会人にはほとんど気づいてもらえない。4月中旬に八丈島を訪れたときのこと、空港ターミナル周辺の芝生が淡青紫色に染まるほど大群生していたのが忘れがたい。

◇**分布**　本州～九州、朝鮮、中国、シベリア
◇**よく見る場所**　公園・芝生
◇**花・果実の時期**　3～5月

ツルニチニチソウ　多年草。茎は長さ1m以上、花をつける茎は高さ40-50cm。葉は対生、長さ3-8cm。花は径4-5cm、花冠は5つに分かれる。果実は長さ5cm。写真：右＝花時、左＝ヒメツルニチニチソウ

ツルニチニチソウ

蔓日日草／別名ツルギキョウ
キョウチクトウ科
Vinca major

ツルニチニチソウは明治時代に園芸植物として日本に入った。庭などで栽培されるほかニュータウンなどでは緑化用に植えられる。寒い地域では地上部は枯れるが、温暖な地域では緑葉のまま冬を越し野生化したものもある。茎は細く、長く伸びて地面を這《は》うように広がり、斜面では垂れ下がる。普通は枝分かれせず、茎の途中から根は出ない。茎を切ると白い乳液が出る。葉は普通は緑一色だが黄白色の斑入りの品種もある。雌しべに長い毛が密生している。よく似たヒメツルニチニチソウは花はやや小さく、葉にほとんど柄がなく、茎は枝分かれして途中から根を出す。

◇**由来**　南ヨーロッパ、北アフリカ原産、日本全土に見られる
◇**よく見る場所**　庭・公園・人家の周囲
◇**花・果実の時期**　3～5月

ガガイモ　つる性の多年草。葉は対生、長さ5-10㎝幅3-6㎝。花は径1㎝ほど、花冠は5つに深く裂ける。果実は長さ8-10㎝。写真：上＝花時、右下＝果実

ガガイモ

別名カガミ・カガミグサ・ジガイモ
ガガイモ科
Metaplexis japonica

つる性の多年草。茎や葉を切ると白い汁が出るので乳草の名もある。夏の盛りに花茎に多数の花がつき淡紫色の花が咲く。花冠は深く5つに裂けて、内面に白い長毛を密生しよい香りがある。5個の雄しべは雌しべと合着して、先が曲がった柱頭が花冠の上に突き出る。果実の中に扁平な種《たね》がびっしりと並ぶ。種には種髪《しゅはつ》という長い絹毛があり、果実が割れるとこれで風に乗り飛び散っていく。昔はこの毛に朱をしみ込ませて印肉にした。日本神話にガガイモの殻の船に乗った少彦名命《すくなびこなのみこと》が海を渡って来たと記されている。殻の内側が鏡のように光っているので古くはカガミと呼ばれ、それがガガイモに変化したという。

◇分布　北海道〜九州、朝鮮、中国
◇よく見る場所　空き地・草地・河川敷の藪
◇花・果実の時期　8月頃、花には香りがある

ヒヨドリジョウゴ　多年草。茎はつる状に伸びる。葉は互生、長さ3-10㎝幅2-6㎝。花は径1㎝ほど、花冠は5つに裂ける。果実は径8㎜ほど。写真：右＝花時、左上＝花、左下＝果実時

ヒヨドリジョウゴ

鵯上戸／別名ホロシ・ツララコ
ナス科
Solanum lyratum

山野や公園の林の縁などに生えるつる性の多年草。日当たりのよい場所や半日陰の場所などいろいろなところに生える。全草に柔らかい腺毛《せんもう》が密生し、触ると少しねばつく。葉は3～5裂するものと裂けないものが混じる。花序は節と節との間から出て、白色の花がつく。花冠《かかん》は深く5つに切れ込み、裂片は開花後反り返って雄しべと雌しべが突き出る。花冠のもと近くにある緑色の斑紋が目立つ。果実は球形で赤く熟し、この実をヒヨドリが喜んで食べるので鵯上戸の名がついたという。冬には葉が落ちてつるが残り、春にこのつるから新葉が出る。全草を乾燥したものを利尿、解熱、解毒などの薬として用いる。

◇分布　北海道～沖縄、朝鮮、中国、インドシナ
◇よく見る場所　公園の林の縁・人家の近く・土手
◇花・果実の時期　8～10月

イヌホオズキ　一年草。茎は高さ20-60㎝。葉は互生、長さ3-10㎝幅2-6㎝。花は径0.7-1㎝、花冠は5裂。果実は径6-7㎜。写真：右上＝アメリカイヌホオズキ、右下＝イヌホオズキの果実、左＝同じく花時

イヌホオズキ

犬酸漿／別名バカナス・クロホオズキ・ヤマホオズキ
ナス科
Solanum nigrum

空き地、道端、公園、畑などに普通に生える一年草。茎は斜めに立ち、多くの枝を分ける。葉は卵形で縁に波形の鋸歯《きょし》があり、裏面の葉脈上にわずかな毛がある。夏から秋にかけて白色の花が咲く。茎の途中に花序をつけ4〜8個の花がわずかに離れてつく。果実は黒色で熟しても光沢がない。和名や別名もホオズキやナスに似ているが役に立たないという意味。北アメリカ原産のアメリカイヌホオズキも普通に見られる。よく似ているが、アメリカイヌホオズキの花は白色もあるが、多くは淡紫色で、花はほとんどかたまってつき、果実は黒色に熟し、表面に光沢があることなどに違いがある。

◇**分布**　北海道〜沖縄、世界の熱帯〜温帯
◇**よく見る場所**　公園・道端・畑地・空き地
◇**花・果実の時期**　8〜10月、果実は黒く熟す

ワルナスビ　多年草。茎は高さ50-100㎝。葉は互生、長さ8-15㎝幅2-6㎝。花は径1.8㎝ほど、花冠は5裂。果実は径1.5㎝ほど。写真：右＝草姿（白花）、左上＝若い果実、左下＝花

ワルナスビ

悪茄子／別名オニナスビ・ノハラナスビ

ナス科

Solanum carolinense

明治時代末に牧草に混じって日本に入ったといわれる北アメリカ原産の多年草。やや暖かい地方に広がり、空き地、道端、公園の植込みの下などに繁殖している。茎はよく枝分かれして枝先に淡紫色の花がつく。白い花もありシロバナワルナスビと呼ばれる。果実は熟すとみかん色になる。野菜のナスとそっくりだが、全草に鋭い刺《とげ》があり触ると痛い。地下茎を伸ばして繁殖するので、畑や牧草地に入ると取り除くのがむずかしく害草として嫌われる。この性質が和名のもと。牧野富太郎が名づけた。よく似たキンギンナスビは暖地の海辺に見られ、果実の大きさ2〜4㎝、初め白色、後に黄色、熟すと赤色になる。

◇**由来**　北アメリカ原産、本州〜沖縄に見られる

◇**よく見る場所**　道端・空き地・公園

◇**花・果実の時期**　6〜10月、果実はみかん色に熟す

ホオズキ　多年草。茎は高さ60-90㎝。葉は互生、長さ5-12㎝幅3.5-9㎝。花は径1.5㎝ほど。果実は1-1.5㎝。写真：右上＝果実、右下＝晩秋の果実、左＝花時

ホオズキ

酸漿・鬼灯／別名カガチ・アカガチ・ヌカズサ

ナス科

Physalis alkekengi var. *franchetii*

アジア原産といわれる多年草。古くから庭などで栽培され、人家のまわりに野生化している。古事記にも登場し、近頃は各地で鬼灯市が催されるなど古くから親しまれている。花のあと萼《がく》が袋状にふくらんで果実を包む。果実は丸く、熟すと赤橙色になる。萼も8月の月遅れのお盆頃には赤橙色になり、切り花にして盆花に使われる。晩秋の頃まで植えたままにしておくと萼は脈だけになってしまう。網の袋の中に赤い果実が透けて見える様子は愛らしく、日本画や伝統工芸の題材にされる。和名の語源は不明。属名のフィサリスは袋の意味。地下の根茎を含めた全草を乾燥し、利尿、咳止めに用いる。

◇**由来**　アジア原産とされ、栽培の歴史は古い

◇**よく見る場所**　庭・畑地・人家のまわり

◇**花・果実の時期**　6〜7月、果実は8月に熟す

ケチョウセンアサガオ　多年草。茎は高さ1-2m。葉は互生、長さ8-18㎝幅4-9㎝。花は長さ15-18㎝径8-10㎝。果実は径4-5㎝。写真：花時

ケチョウセンアサガオ

毛朝鮮朝顔／別名アメリカチョウセンアサガオ
ナス科
Datura inoxia

明治時代に薬用あるいは観賞用として日本に入ったものが、人家周辺の道端や空き地などに野生化している。全体に短く柔らかい毛が密生している。葉は普通左右がゆがんだ形になる。萼《がく》は長い筒形。花冠《かかん》を真上から見ると縁に5個の小さな突起がある。花の開き初めは強い香りを放つ。果実は丸く表面に多数の細い刺《とげ》がある。全草に有毒成分を含むが特に種子は毒性が強い。中毒すると狂乱状態になるというが、毒気が抜けるともとに戻るという。この仲間のチョウセンアサガオは江戸時代に麻酔薬として用いられた。こちらは全体にほとんど無毛。寒さに弱いのであまり野生化していない。

◇**由来**　北アメリカ原産
◇**よく見る場所**　道端・空き地
◇**花・果実の時期**　8〜9月

ヒルガオ　つる性の多年草。葉は互生、長さ5-10㎝。花は長さ5-6㎝。写真：左＝花時

コヒルガオ　つる性の多年草。葉は互生、長さ3-6㎝。花は長さ3-3.5㎝。写真：右上＝花時、右下＝根茎

ヒルガオとコヒルガオ

昼顔、小昼顔
ヒルガオ科
ヒルガオ *Calystegia japonica*、コヒルガオ *C. hederacea*

つる性の多年草。鉄道線路沿いや駐車場のフェンスに絡み、夏の日差しの下でたくさん花を咲かせたものに出会うことがある。淡紅色の花は暑苦しくなくむしろ爽やかに感じる。名前どおりに昼間咲いた花は夕方近くにしぼむ一日花。果実はまれにできる程度でもっぱら地下茎で殖える。草取りされるたびにちぎれて残った根茎で殖えていく、たくましい植物である。よく似たコヒルガオと混生していることがある。コヒルガオはヒルガオの花より少し小さく、花柄の上部に縮れた幅の狭い翼《よく》が出る。葉は三角状のほこ形で基部の左右が耳状に張り出し2裂して角張る。ヒルガオの花柄には翼がなくすべすべしている。

◇**分布**　北海道〜九州、朝鮮、中国
◇**よく見る場所**　道端・空き地・河川敷・生垣
◇**花・果実の時期**　7〜8月

マメアサガオ　つる性の一年草。葉は互生、長さ3-8㎝幅2-7㎝。花は長さ2㎝ほど。果実は長さ0.8-1㎝。写真：左=花時

ホシアサガオ　つる性の一年草。葉は互生、長さ3-8㎝幅2.5-8㎝。花は長さ2㎝径1.5㎝ほど。果実は径8㎜ほど。写真：右=花時

ホシアサガオとマメアサガオ

星朝顔、豆朝顔

ヒルガオ科

ホシアサガオ*Ipomoea triloba*、マメアサガオ*I. lacunosa*

ホシアサガオは道端、河川敷などの日当たりのよいところに生える。茎にも葉にも毛はなく、葉は3裂が多いが、卵円形のものもある。花柄にこぶ状の突起がある。花冠《かかん》の中心部は濃紅紫色。果実はやや縦に長い球形で、種《たね》は角ばる。和名は真上から見た花の形による。同じような場所に生えるマメアサガオがよく似ている。マメアサガオは茎に毛があるがときにないものもある。花柄にこぶ状の突起が密にある。花の色は普通白色、まれに淡紅紫色もある。果実はやや平たい球形で種は角張らず丸みがある。両種とも戦後、輸入穀物に混じって入ったと考えられている。

◇由来　ホシアサガオは南アメリカ原産、マメアサガオは北アメリカ原産、関東以西～沖縄に見られる

◇よく見る場所　道端・空き地・河川敷

◇花・果実の時期　7～9月

マルバルコウソウ　つる性の一年草。葉は互生、長さ3-7㎝幅1.5-5㎝。花は長さ2㎝径1.5㎝ほど。果実は長さ5㎜。写真：右上＝ルコウソウ、右下＝ハゴロモルコウソウ、左＝マルバルコウソウ

マルバルコウソウ

丸葉縷紅草
ヒルガオ科
Quamoclit coccinea

ルコウソウは江戸時代の嘉永年間に観賞用として日本に入った。現在も栽培され、主に中部以西で野生化していて、東京周辺でもときどき見かける。葉は先がとがった丸みのあるハート形。花は下が筒状で先はぱっと広く開き、真正面から見ると5角形。朱赤色の花の中心部は黄色。果実は丸い。和名はルコウソウに似て葉が丸いことによる。ルコウソウも古くから栽培されて、野生化している。縷《る》紅草《こうそう》の縷《る》は「細い糸」という意味、葉が細く裂けて羽根のような形になることによる。ルコウソウとマルバルコウソウの交配種のハゴロモルコウソウが珍しがられて民家などに栽培され、ところどころに野生化している。

◇**由来**　熱帯アメリカ原産、本州中部～沖縄に見られる
◇**よく見る場所**　庭・人家のまわり
◇**花・果実の時期**　8～10月

シバザクラ　多年草。茎は地面を這い高さ10㎝ほど。葉は対生、長さ2㎝幅2㎜ほど。花は径1.2-1.8㎝。写真：花時

シバザクラ

芝桜／別名ハナツメクサ・モスフロックス
ハナシノブ科
Phlox subulata

北アメリカ東北部原産の多年草。庭や公園の花壇、田んぼのあぜ、河川の護岸壁などの日当たりのよい場所に観賞用に植えられる。茎は横に這《は》って地面を覆うように広がり、挿し芽で簡単に殖やせるうえに寒さと乾燥に強く、土質を選ばず、丈夫で育てやすいのでグランドカバー植物に用いられる。花の色は白、淡青、青紫、淡紅などいろいろある。花弁は5つに深く切れ込み、サクラの花に似る。最盛期は花の絨毯を敷きつめたようになるので、各地にこの花の名所がつくられている。和名は葉をシバに花をサクラに見立てたもの。ハナツメクサ（花爪草）あるいは英名からモスフロックスとも呼ばれる。

◇由来　北アメリカ原産
◇よく見る場所　庭・公園・石垣・人家のまわり
◇花・果実の時期　3～4月

コンフリー　多年草。茎は高さ60-90㎝。葉は互生、下部の葉は長さ15-25㎝、上部では長さ20㎝ほど。花は長さ2㎝ほど。果実は分果。写真：花時

コンフリー

Comfrey／別名ヒレハリソウ
ムラサキ科
Symphytum officinale

ヨーロッパ原産の多年草。明治時代に観賞用、薬用、家畜の飼料として日本に入ったというがはっきりしない。ヨーロッパでは下痢止めの民間薬とされていたため学名に「薬用の」意味のofficinaleとつけられている。一時期、健康によい野菜としてコンフリーブームが起きたことがあるので、中高年世代にはよく知られている。このとき食べ過ぎた人の中に悪い結果が出たこともあり、いつの間にかブームは消え去った。全草にざらつく毛が生えている。花は淡紅色まれに白色。ヒレハリソウ（鰭玻璃草）の名は茎に翼《よく》があることによる。各所に野生化しているのはヒレハリソウとオオハリソウの交配種だという。

◇**由来**　ヨーロッパ原産
◇**よく見る場所**　人家のまわり・空き地
◇**花・果実の時期**　6〜7月

キュウリグサ　二年草。茎は高さ10-30㎝。葉は互生、長さ1-3㎝幅0.6-1.5㎝。花は径2㎜ほど。写真：左＝花時

ワスレナグサ　多年草。茎は高さ45㎝ほど。葉は互生、茎の葉は長さ3-5㎝。花は径8㎜ほど。写真：右＝花時

キュウリグサとワスレナグサ

胡瓜草／別名タビラコ、勿忘草／別名ワスルナグサ

ムラサキ科　キュウリグサ *Trigonotis peduncularis*

ワスレナグサ *Myosotis scorpioides*

キュウリグサは茎や葉に細かい毛があり、さわるとざらつく。花のつく茎の先はくるりと巻き、小さな花が下から先へほどけながら咲き進む。花の喉もとに黄色い鱗片《りんぺん》がある。和名は生の茎や葉を強く揉《も》むとキュウリの臭いがすることから。よく似たハナイバナは花のつく茎は巻かず花冠の喉もとの鱗片は白い。

ワスレナグサはヨーロッパ原産。和名は英名のForget-me-not（私を忘れないで）にから。ドナウ川の岸辺に咲く可憐なこの花を見つけた青年が、恋人のために花を摘み取ろうとして川に落ち、「私を忘れないで」と叫びながら流れに消えたという伝説による。

◇**分布**　キュウリグサは北海道～沖縄、アジアの温帯、ワスレナグサはヨーロッパ原産

◇**よく見る場所**　公園・庭・道端・空き地・畑地

◇**花・果実の時期**　3～5月、ワスレナグサは5～7月

ハエドクソウ　多年草。茎は高さ50-70㎝。葉は対生、長さ7-10㎝幅4-7㎝。花穂は長さ10-20㎝、花は長さ5㎜ほど。果実は長さ5㎜ほど。写真：花時、下の方は果実になっている

ハエドクソウ

蠅毒草／別名ハエトリソウ・ハイドクソウ

ハエドクソウ科

Phryma leptostachya var. *asiatica*

平地の林の中や公園の湿り気のある半日陰地などに生える。葉は卵形～長楕円形で、縁にあらい鋸歯《きょし》があり両面に短い毛がある。花は上下2唇に分かれ、ルーペで見ると、上側は短くて赤紫色、下側は白色で長く突き出ている。萼《がく》も上下に分かれ、上側は長く先は3つに分かれて刺《とげ》状に曲がる。果実は萼に包まれていて萼の先が動物や衣服に引っかかって運ばれるしくみ。和名は煮汁を紙に塗りハエ取り紙をつくったことによる。『大和本草』（一七〇八）では、葉を飯に押し混ぜて蠅に与えると死すとしている。ハエノドク、ハエコロシ、ヘノドクなどの地方名がある。

◇**分布**　北海道～九州、朝鮮、中国、ヒマラヤ、シベリア東部

◇**よく見る場所**　林の中・公園の日陰地

◇**花・果実の時期**　7～8月

キランソウ　多年草。茎は地面を這い長さ5-15㎝。葉は対生、根もとの葉は長さ4-6㎝幅1-2㎝。花は長さ1㎝ほど。果実は長さ2㎜ほど。写真：花時

キランソウ

金瘡小草／別名ジゴクノカマノフタ（地獄の釜の蓋）
シソ科
Ajuga decumbens

公園の隅、草地に生える多年草。日向を好むが半日陰のところにも見られる。花は唇形、紫色だがときに淡紅色の花があり、モモイロキランソウと呼ばれる。近くにジュウニヒトエの花が咲くような場所では、まれに自然交配種のジュウニキランソウも見られる。四国、九州では民間薬として広く利用され、イシャコロシ、イシャナカシ、イシャダオシなどの名がある。咳止め、解熱、下痢止め、胃腸病などに効くといわれ、「地獄の釜の蓋」の別名は民間薬としていろいろな病気を治し、地獄の釜に蓋をして病人を追い返すという意味ではないかという。和名は花弁の色に由来するという説があるがよくわからない。

◇分布　本州〜九州、朝鮮、中国
◇よく見る場所　公園・草地
◇花・果実の時期　3〜5月

セイヨウキランソウ　多年草。茎は地面を這う。葉は対生、根もとの葉は長さ5-7.5㎝幅2.5㎝ほど。花茎は高さ10-15㎝。写真：右＝ジュウニヒトエ、左＝セイヨウキランソウ

セイヨウキランソウ

西洋金瘡小草／別名セイヨウジュウニヒトエ・ツルジュウニヒトエ
シソ科
Ajuga reptans

観賞用に入り、庭などで栽培されたものが、家のまわり、空き地、駐車場の縁など、ところどころに野生化している。属名からアユガ、ジュウニヒトエに似ているのでセイヨウジュウニヒトエ、花が咲いているときから地表を這《は》う茎を伸ばし、先の方で根を出して新しい苗をつくり繁殖するのでツルジュウニヒトエなどの呼び名があり、栽培ではジュウニヒトエと呼ばれていることが多い。葉や茎に毛はなく、葉の色は濃い。日本産のジュウニヒトエは全体に白い軟毛を密生し、葉の色は白っぽい。花はわずかに紫色を帯びる白色。花が重なるように咲く様子を宮中の女性の「十二単衣」に見立てて名づけられた。

◇由来　北ヨーロッパ原産、本州の一部に見られる
◇よく見る場所　人家の周囲・空き地
◇花・果実の時期　5～6月

ハナトラノオ　多年草。茎は高さ40-120㎝。葉は対生、長さ12㎝ほど。花穂は長さ10-30㎝、花は長さ2-3㎝。写真：右＝草姿、左＝花

ハナトラノオ

花虎尾／別名カクトラノオ
シソ科
Physostegia virginiana

大正時代に園芸植物として渡来し、庭などで栽培される。旺盛な繁殖力で、河川敷、空き地、道端、人家周辺などに野生化している。地下茎を伸ばして殖えるため大きな群落をつくる。夏に淡紅紫色の花が穂状につき、下から上へ順々に咲き上り、長い間花が楽しめる。少ないが白花もある。群生して咲くと見事。和名は長い花穂を虎の尾に見立ててつけられた。名前に「虎の尾」とつく植物は数多くあるが花穂が長いことが共通している。ハナトラノオは茎が四角く花穂が4列につき角張って見えるためカクトラノオとも呼ばれる。8月の月遅れのお盆頃が花の姿が美しく、切り花にして盆花にもする。

◇**由来**　北アメリカ原産
◇**よく見る場所**　庭・人家の周辺・道端・河川敷
◇**花・果実の時期**　6〜9月

カキドオシ　多年草。茎は長さ5-25㎝、花が終わるとさらに伸びる。葉は対生、長さ1-5㎝幅1.2-5.5㎝。花は長さ1.5-2.5㎝。果実は長さ1.8㎜ほど。写真：花時

カキドオシ

垣通／別名カントリソウ・カンキリグサ
シソ科
Glechoma hederacea ssp. *grandis*

日当たりのよいところに好んで生える多年草。茎は花の時期にはほぼ立っているが、花の後、夏頃になるとぐんぐん伸びて節から根を出して広がる。全体にハッカの香りが混じったような強い香りがあり、花がなくてもわかる。花の色は淡紫色で、遠目に見るとスミレ類に似ているが、花弁5個のスミレと違い、カキドオシの花は唇形で下半分が筒になっている。和名は垣根を通り抜けるほど茎が伸びることによる。子どもの疳《かん》をとる民間薬として利用されたので疳取草、長く伸びた茎に丸い葉が銭が連なるようにつく様子から連銭草の名もある。乾燥した葉を煎じて飲むと、血糖値を下げる作用があるといわれる。

◇**分布**　北海道～九州、中国、シベリア東部
◇**よく見る場所**　公園・空き地・道端
◇**花・果実の時期**　4～5月、全草に香りがある

ホトケノザ　二年草。茎は高さ10-30㎝。葉は対生、長さ幅とも1-2.5㎝。花は長さ1.7-2㎝ほど。
写真：花時

ホトケノザ

仏の座／別名サンガイグサ・ホトケノツヅレ・カスミグサ
シソ科
Lamium amplexicaule

道端、田畑のあぜ、土手、空き地などの日当たりのよい場所に生える二年草。葉は対生し、茎の下の方につく葉は長い柄があるが、上の方の葉は柄がなく、左右から丸く茎を抱く形になる。そのつけ根に数個ずつ柄のない花がつく。花期は3～6月だが、暖地や日当たりのよい場所では冬も開花している。花は赤紫色で細長い唇形。蕾《つぼみ》のまま開かず自家受粉して結実する閉鎖花が混じる。和名は対生する柄のない葉を仏様の台座に見立てたもの。別名のサンガイグサ（三階草）は葉が段々につく姿に由来する。春の七草のホトケノザは本種ではなくキク科のコオニタビラコのことで黄色の花が咲く。

◇分布　本州～九州、東アジア～ヨーロッパ、北アフリカ
◇よく見る場所　道端・空き地・土手・畑地
◇花・果実の時期　3～6月

ヒメオドリコソウ　二年草。茎は高さ10-25㎝。葉は対生、基部の葉は長さ1.5-3㎝、上部では長さ1㎝ほど。花は長さ1㎝ほど。果実は長さ1.5㎜。写真：右＝オドリコソウ、左＝ヒメオドリコソウの花時

ヒメオドリコソウ

姫踊り子草
シソ科
Lamium purpureum

ヨーロッパ原産の帰化植物で明治二六年、東京で初めて記録された。今は各地に広がり道端、空き地、河川敷、農道など日当たりのよい場所に生える。葉は茎の下部では柄が長く上の方では短く、上になるほど小型になる。多くは紅紫色に色づき美しい。花は淡紅色、まれに白花もある。花の先が深く2裂し上唇と下唇になる。雄しべと雌しべは上唇に隠れ、下唇の一部が前に突き出て昆虫の着陸場になり、蜜のありかを知らせる濃紅紫色の斑紋がある。花を抜いて蜜を吸うと甘い。和名はオドリコソウより小さいため。オドリコソウの名は花の形を笠をかぶった踊り子の姿に見立てたもの。草丈50㎝近くになり花も大きい。

◇由来　ヨーロッパ・小アジア原産、日本全土に見られる
◇よく見る場所　道端・空き地・河川敷
◇花・果実の時期　5〜6月

オオバコ　多年草。葉は長さ1-2cmから15cmほどまで。花茎は高さ10-50cm、花は長さ5mmほど。果実は長さ4mmほど。写真：右＝草姿、左＝花穂

オオバコ

大葉子・車前草／別名オンバコ・オンバク・マルコバ
オオバコ科
Plantago asiatica

日当たりのよい道端、空き地、河川敷などいたるところに生える多年草。茎や葉の繊維は丈夫で踏みつけに強い。茎を引っかけて引き合う遊びを経験した人もいるだろう。花は4〜9月頃、根生葉の間から花茎を伸ばし、小さな花を穂状に密につける。花の咲き始めは萼片《がくへん》から雌しべの柱頭が出て、受精したあと雄しべが出る。果実は熟すと上の部分が蓋のようにはずれて黒い種《たね》が出る。種は水分を吸収すると糊状の粘るものが出て、服や履き物に付着し遠くへ運ばれる。和名は葉が広く大きいことによる。漢方では全草を乾燥したものを車前草、乾燥した種を車前子と呼び、利尿、咳止めなどに用いる。車前は中国名。

◇**分布**　北海道〜沖縄、千島、樺太、朝鮮、中国
◇**よく見る場所**　道端・空き地・河川敷
◇**花・果実の時期**　4〜9月

ヘラオオバコ　多年草。葉は長さ10-20㎝幅1.5-3㎝。花茎は長さ20-70㎝、花穂は長さ3-5㎝。写真：左＝草姿

ツボミオオバコ　一～二年草。葉は長さ3-10㎝幅1-2㎝。花茎は長さ10-30㎝。花は長さ2.5-3㎜。写真：右上＝草姿、右下＝花穂

ヘラオオバコとツボミオオバコ

箆大葉子、蕾大葉子／別名タチオオバコ
オオバコ科
ヘラオオバコ*Plantago lanceolata*、ツボミオオバコ*P. virginica*

どちらも日当たりのよいところに生える。ヘラオオバコは江戸末期に渡来したという。葉はへら形で表と葉柄に褐色の毛がある。和名は葉の形による。花は雌しべが先に成熟し、雄しべが成熟する頃はしなびて、自家受粉を避ける。雄しべは長く突き出て白色の葯《やく》が目立ち風にゆれると何とも愛らしい。果実の種《たね》は2個。根や葉は民間薬として利用される。

ツボミオオバコは花冠《かかん》は黄白色で薄い。開いている時間は短く、上半分の花冠はすぐに閉じてしまう。果実は熟すと横に割れて2個の種が落ちる。いつ見ても蕾《つぼみ》のようなのでこの名があるが、花は開いているのだ。

◇**由来**　ヘラオオバコはヨーロッパ原産、ツボミオオバコは北アメリカ原産、ほぼ日本全土に見られる

◇**よく見る場所**　道端・空き地・草原・河川の土手

◇**花・果実の時期**　4～8月、ツボミオオバコは5～8月

ツタバウンラン　多年草。茎は横に這い長さ20-60㎝。葉は互生、長さ1-3㎝幅1.5-3㎝。花は長さ8㎜ほど。果実は径4㎜ほど。写真：花時

ツタバウンラン

蔦葉雲蘭／別名ウンランカズラ・ツタガラクサ
ゴマノハグサ科
Cymbalaria muralis

大正初期に観賞用として入り、各地で栽培されたものが、人家周辺の石垣、敷石やコンクリートのすき間などに野生化している。茎は細く、枝分かれして地面を這《は》い、地面に接した節から根を出して広がる。葉は腎臓形で5～7つに浅く裂けて先はとがる。茎や葉にやや光沢がある。葉の腋《わき》から出た細く長い柄の先に白～淡紫色の花がつく。花冠は上下に深く裂けて唇形、後方は細い袋状。上唇は2つに深く裂けて立ち上がり、下唇の中ほどは隆起して黄色の斑紋が目立つ。花が散ると長い柄は暗い方に向かう性質があり、地中で果実ができる。このためよくすき間に生える。果実は丸く中に多数の種子がある。

◇由来　ヨーロッパ原産、ほぼ日本全土に見られる
◇よく見る場所　石垣・敷石のすき間
◇花・果実の時期　5～10月

ヒメキンギョソウ　一年草。茎は高さ20-40㎝。葉は互生、対生〜輪生、長さ3-6㎝。花は長さ2-2.5㎝。果実は径4-5㎜。写真：左＝花時

マツバウンラン　二年草。茎は高さ30-60㎝。葉は対生〜輪生、上部は互生で長さ1-3㎝。花は長さ約4㎜。果実は径2㎜。写真：右上＝花時、右下＝花

マツバウンランとヒメキンギョソウ

松葉雲蘭、姫金魚草／別名ムラサキウンラン
ゴマノハグサ科　マツバウンラン *Linaria canadensis*、
ヒメキンギョソウ *L. bipartita*

マツバウンランは一九四一年に京都で見つかり、その後関東地方以西から九州にかけて広がった。ニュータウンの道端、空き地、河川敷、公園、鉄道線路脇、墓地などの日当たりのよい場所に生える。茎は根もとで枝分かれして地面を這《は》うかまっすぐ立つ。萼片《がくへん》の間から細長い距《きょ》が突き出る。果実は丸く、角張った楕円形の小さな種子が多数入っている。

ヒメキンギョソウは花壇などで栽培されるほか、ワイルドフラワーとして河川の土手などに植栽される。寒さに強く、こぼれ種《だね》でよく殖え野生化しているものも見られる。花色は淡紅、赤、白、黄、紫など多彩。

◇**由来**　マツバウンランは北アメリカ原産、ヒメキンギョソウはヨーロッパ南部・北アフリカ原産

◇**よく見る場所**　庭・公園・空き地・河川敷・線路脇

◇**花・果実の時期**　4〜5月、ヒメキンギョソウは7〜8月

タチイヌノフグリ　一年草。茎は高さ7-25㎝。葉は対生、長さ0.5-1.5㎝幅0.3-1.4㎝。花は径約2㎜。果実は径約2㎜。写真：花時

フラサバソウ　二年草。茎は長さ10-30㎝。葉は茎の下部では対生上部は互生、長さ4-10㎜。花は径約4㎜。果実は径約6㎜。写真：花時

タチイヌノフグリとフラサバソウ

立犬陰嚢、フラサバソウ別名ツタノハイヌノフグリ
ゴマノハグサ科　タチイヌノフグリ *Veronica arvensis*、
フラサバソウ *V. hederifolia*

タチイヌノフグリは明治中頃に見つかり、現在は全国に広がり、日当たりのよい場所に普通に見られる。茎、葉に短い毛がある。上部の葉の腋《わき》にコバルト色の小さな花が1個つく。萼片《がくへん》に腺毛《せんもう》がある。花冠《かかん》は深く4つに裂ける。果実は扁平な心臓形で縁に腺毛がある。オオイヌノフグリより広く繁殖している。

フラサバソウは近年急激に繁殖し始めたようで、東京郊外のあきる野市五日市町まで分布を拡大し各所に群生していた。茎には花の時まで一対の子葉が残り、萼片《がくへん》の縁に長毛が目立つ。果実は丸く4個の種が入る。和名は明治初めに日本植物の分類に貢献したフランシェとサバチェを記念してつけられた。

◇**由来**　タチイヌノフグリはヨーロッパ・アフリカ原産、フラサバソウはヨーロッパ原産、日本全土に見られる

◇**よく見る場所**　道端・空き地・草地・河原の土手

◇**花・果実の時期**　どちらも4～5月

オオイヌノフグリ　二年草。茎は長さ10-30㎝。葉は茎の下部で対生上部で互生、長さ0.6-2㎝。花は径約8㎜。果実は約8㎜。写真：左上＝花時、左下＝果実

イヌノフグリ　二年草。茎は10-25㎝。葉は茎下部で対生上部で互生、長さ0.4-1.5㎝。花は径約3㎜。果実は径約3㎜。写真：右上＝花、右下＝果実

オオイヌノフグリ

大犬陰嚢
ゴマノハグサ科
Veronica persica

明治中頃に入り、現在では全国に広がり、いたるところ普通に見られる。茎は根もとから枝分かれして、横に広がる。花は晴天の日の朝開き、花粉の運び手の昆虫を待って夕方に閉じる。閉じる頃から左右に開いていた雄しべが内側に曲がり、花粉を直接雌しべの先につけて自家受粉する。昆虫が来れば他家受粉で、来なくても自家受粉し種をつくるという2段構えの受粉方法だ。果実は扁平でハート形。熟すと2つに裂けて種《たね》を散らす。和名はイヌノフグリに対して花が大きいため。俳句ではオオイヌノフグリのことをイヌフグリと詠んでいる。属名のベロニカは傷ついたキリストに血をぬぐう布を捧げた女性の名前。

◇**由来**　ユーラシア・アフリカ原産、日本全土に見られる
◇**よく見る場所**　道端・草地・河川の土手
◇**花・果実の時期**　3～5月

ビロードモウズイカ　二年草。茎は高さ1-2m。根生葉は長さ10-30cm、茎の葉は互生。花は径1.5-2cm。果実は径8mmほど。写真：右＝花時、左＝花

ビロードモウズイカ

天鵞絨毛蕊花

ゴマノハグサ科

Verbascum thapsus

明治初めに観賞用として日本に入り、荒れ地、河川敷、道端、鉄道線路脇などの日当たりのよいところに野生化している。全体に灰白色の綿毛に覆われている。ルーペで見ると、毛は段々になり輪生状に枝を分けている。このような毛はほかにないので似た葉との見分けのポイントになる。手触りはビロード状、柴犬の耳のようでふかふかして気持ちよい。和名はこの毛と雄しべに長い毛が多いことに由来する。夏頃、花穂に多数の花を密につけ、鮮やかな黄色の花が咲く。雄しべは5本あり、3本は短く、毛が密生し、長い2本はほとんど毛がない。草丈が2m以上になるものもあり、存在感がある。

◇由来　ヨーロッパ原産、日本全土に見られる

◇よく見る場所　道端・荒れ地・線路脇・河川敷

◇花・果実の時期　6〜8月

トキワハゼ　一年草。茎は高さ5-25㎝。葉は根ぎわでは対生、上部は互生、長さ1-3㎝幅0.5-1.5㎝。花は長さ1㎝ほど。果実は長さ3-4㎜。写真：上＝トキワハゼ、右下＝ムラサキサギゴケ

トキワハゼ

常磐黄櫨／別名ナツハゼ
ゴマノハグサ科
Mazus pumilus

道端、空き地、庭や家のまわり、畑など、普通はやや乾いたところに生えるが、いくらか湿り気のある場所にも見られる。茎は根もとで枝分かれして立ち上がる。日溜まりでは真冬も咲いている。上側の花冠《かかん》は先が浅く裂けて紅紫色、下側は3つに裂け淡紫色を帯びた白色に黄色と赤褐色の斑紋がある。この斑紋は花を訪れる昆虫に蜜のありかを知らせる目印。和名はいつでも花があり果実がはぜるためという。田のあぜ、河川敷、公園などの湿り気の多いところに生えるムラサキサギゴケがよく似ている。こちらは多年草で、多くのランナーを伸ばして地面を這《は》い、上側の花冠は先がやや深く裂け全体は同じ色。

◇分布　北海道〜沖縄、朝鮮、中国〜インド
◇よく見る場所　庭・家の周囲・道端・空き地・畑地
◇花・果実の時期　4〜10月

ウリクサ　一年草。茎は長さ10-20㎝。葉は対生、長さ0.7-2.2㎝幅0.6-1.3㎝。花は長さ7㎜ほど。果実は萼とほぼ同じ長さ。写真：花時

ウリクサ

瓜草
ゴマノハグサ科
Lindernia crustacea

庭の隅、公園、空き地などのやや湿り気のある場所に生える一年草。日当たりのよいところに多いが半日陰の場所でもよく花をつける。茎は下の方で四方に枝を分け、地面を這《は》って広がり、葉は対生。夏から秋にかけて茎の上の方の葉のつけ根に小さな淡紫色の花が1個ずつつく。萼片《がくへん》は先が浅く5つに裂けて、それぞれの裂片ごとに高い稜《りょう》が目立つ。稜があるのがウリクサの特徴。果実は楕円形で萼に包まれたまま熟す。茎は地面に伏しているので、草地の中に生えていると、探しているときに踏みつけそうになるほど目立たない。和名は果実の形をマクワウリに見立ててつけられた。

◇分布　北海道〜沖縄、朝鮮、中国、東南アジア
◇よく見る場所　庭・公園・空き地
◇花・果実の時期　8〜10月

ヤセウツボ　一年草。茎は高さ15-50㎝。葉は鱗片状、長さ1-1.5㎝。花は長さ1.2-1.5㎝。写真：右＝花、左＝花時

ヤセウツボ

痩靫

ハマウツボ科

Orobanche minor

外来の寄生植物。河川の土手、公園の草地などに生え、次第に生育地を広げている。主にマメ科のシロツメクサやムラサキツメクサの根につくがキク科、セリ科、ナス科の植物にも寄生する。牧草用のシロツメクサに本種が寄生すると収穫量が減少するなど影響が出る害草。茎は根もとから数本伸び出て、茶褐色あるいは黄褐色、短い腺毛《せんもう》がある。花は茎の上部にまばらにつき淡黄褐色、紫色の筋や斑点がある。花に蜜がなく、花粉の運び屋の昆虫がこなくても、自家受粉して果実をつくり、熟すと粉状の種《たね》を散らす。和名は全体の姿がハマウツボより細いのでつけられた。

◇**由来**　ヨーロッパ・北アフリカ原産、本州の一部と四国に見られる

◇**よく見る場所**　公園の草地・河川の土手

◇**花・果実の時期**　4～5月

キツネノマゴ　一年草。茎は高さ10-40㎝。葉は十字対生、長さ2-4㎝幅1-2㎝。花は長さ7㎜ほど。果実は長さ6㎜ほど。写真：左＝花時

アカンサス　常緑多年草。花茎は高さ30-150㎝、ときに2m近く。葉は十字対生、長さ50㎝ほど。写真：右＝花時

アカンサスとキツネノマゴ

Acanthus／別名ハアザミ、狐孫／別名カグラソウ
キツネノマゴ科
アカンサス*Acanthus*、キツネノマゴ*Justicia procumbens*

アカンサスは大正時代に観賞用として日本に入り、公園や洋風の庭などに植えられている。花弁は白地に紫色の筋が入り、紫褐色の苞《ほう》に刺《とげ》がある。観察時に痛い思いをすることがあるが花の魅力に誘われてつい手にとって見たくなる。ギリシア建築のコリント様式の柱頭を飾る彫刻はこの葉を図案化したもの。

キツネノマゴは茎が丸い四角形で地面に倒れると多くの枝を出す。花冠は上下2つに分かれ、上は白、下は淡紅紫色で白い斑紋が入る。ときに全体が白色もある。和名は花の形を子ギツネの顔に、花穂の形を狐の孫の尻尾に見立てたなどというがはっきりしない。

◇由来　アカンサスは地中海沿岸、アジア・アフリカの熱帯、キツネノマゴは本州〜九州、東・東南アジア
◇よく見る場所　庭・公園、道端・空き地・草地
◇花・果実の時期　夏、キツネノマゴは8〜10月

キキョウソウ　一年草。茎は高さ15-100㎝。葉は互生、長さ1-3㎝。花は長さ1.5-1.8㎝。果実は長さ5-6㎜。写真：左上＝花時、左下＝花

ヒナキキョウソウ　一年草。茎は高さ14-40㎝。葉は互生、下部の葉は長さ1-3㎝上部では3-5㎜。花は径約5㎜。果実は長さ4-6㎜。写真：右＝花時

ヒナキキョウソウとキキョウソウ

雛桔梗草、桔梗草／別名ダンダンキキョウ
キキョウ科　ヒナキキョウソウ *Triodanis biflora*、
キキョウソウ *T. perfoliata*

ヒナキキョウソウは一九三一年に横浜で見出された。日当たりのよい河原や草地に生える。茎はまっすぐ立ち細い茎だがしっかりしている。花冠《かかん》は5つに深く切れ込む。茎の下部の葉の腋《わき》にも花がつくが、ほとんどが閉鎖花で咲いても気づかない。開放花より閉鎖花の方が多い。果実は熟すと上部の横に穴があき、種《たね》が散り落ちる。二十数年前は東京多摩地域では珍しかったが、現在は各所で見られる。和名のもとになったキキョウソウは葉に丸みがあり、花は切れ込み、幅がやや広く開放花の数が多い。花のつき方から段々桔梗《だんだんききょう》の名もあり、ヒナキキョウソウはこれにならってヒメダンダンキキョウともいう。

◇**由来**　どちらも北アメリカ原産、本州～九州に見られる
◇**よく見る場所**　草地・河原
◇**花・果実の時期**　どちらも5～7月

キキョウ　多年草。茎は高さ50-100㎝。葉は対生、長さ4-7㎝。花は径4-5㎝。写真：右＝花時、左＝フタエキキョウ

キキョウ

桔梗／別名アリノヒフキ・オカトトキ
キキョウ科
Platycodon grandiflorum

山の日当たりのよい草原に生える多年草。庭や花壇で栽培されて秋になると普通に見られる花だが、野生の花は減少し絶滅危惧種に指定されている。茎、葉、根を傷つけると白い乳液が出る。秋とは名ばかりの暑いなか、青紫色まれに白色の花が咲く。園芸品種では淡紅色花や花冠《かかん》が二重のもの、鉢植え向きに草丈が低いものもある。秋の七草の「朝貌《あさがお》」はキキョウのことだという。「蟻の火吹き」という変わった名もある。アリが花弁を噛むと口から蟻酸が出て青紫色が赤紫色に変わる。アリの口は赤くなり火を噴いたように見えるというわけである。乾燥した根は咳止め、扁桃腺の痛みなど、漢方薬に用いられる。

◇**分布**　北海道～奄美大島、朝鮮、中国、ウスリー
◇**よく見る場所**　庭・公園の花壇・草原
◇**花・果実の時期**　7～8月

ホタルブクロ　多年草。茎は高さ40-80㎝。茎につく葉は互生、長さ5-8㎝。花は長さ4-5㎝。写真：右上＝ヤマホタルブクロの花、右下＝ホタルブクロの花、左＝同じく花時

ホタルブクロ

蛍袋／別名ツリガネソウ・トウロウバナ・チョウチンバナ
キキョウ科
Campanula punctata

山野の草原や道端に生える多年草。庭や公園などに植え観賞される。茎の根もとの葉は長い柄があり、茎の上の方にいくほど柄は短く最後は柄がなくなる。全草に短い毛が多い。萼片《がくへん》は深く5つに裂け裂片の間に小さな裂片があって上向きに反り返る。梅雨の頃に、白あるいは淡紅紫色、内側に紫色の斑点と細く長い毛がある花が咲く。属名のカンパヌラはラテン語で「小さな鐘」の意味。和名はホタルをこの花に入れて持ち帰る遊びによるとか、提灯《ちょうちん》を火垂袋と呼ぶ東北の方言によるとかの説がある。山野でよく隣り合わせに生えているヤマホタルブクロは萼裂片の間にふくらみがあり、反り返る小裂片がない。

◇**分布**　北海道～九州、朝鮮、中国
◇**よく見る場所**　庭・公園・草原・土手
◇**花・果実の時期**　6～7月

ハナヤエムグラ　一～二年草。茎は長さ20-60㎝。葉は4-7輪生、長さ1-1.5㎝幅5㎜ほど。花は径2.5-3㎜。果実は長さ1.5-2㎜。写真：左＝花時

ヤエムグラ　一～二年草。茎は長さ60-90㎝。葉は6-8輪生、長さ1-3㎝幅1.5-4㎜。花は径1㎜ほど。果実は径1㎜ほど。写真：右上＝花時、右下＝果実

ヤエムグラとハナヤエムグラ

八重葎、花八重葎／別名アカバナヤエムグラ・アカバナムグラ
アカバナ科　ハナヤエムグラ *Sherardia arvensis*
ヤエムグラ *Galium spurium* var. *echinospermum*

ヤエムグラは茎の切り口が四角く、角にそって下向きの刺《とげ》があり、ほかのものに引っかかりながら立ち上がり伸びる。葉の先端が刺になり、縁と裏面の主脈にも下向きの刺が並ぶ。輪生する6～8枚の葉のうち本来の葉は2枚で、ほかは托葉《たくよう》の変形。果実は丸く2個がくっつき、表面にかぎ状の毛があって動物の体や衣服について運ばれる。

ハナヤエムグラは一九六一年に千葉県で見つかり、次第に生育範囲を広げている。茎は四角形で稜《りょう》があり下向きの刺がつく。花は苞《ほう》葉《よう》に包まれ淡紅色、花冠《かかん》は4つに裂ける。小さくて目立たないが愛らしい花である。

◇分布　ヤエムグラは北海道～沖縄、旧世界に分布。ハナヤエムグラはヨーロッパ原産
◇よく見る場所　道端・草地・荒れ地・河川の藪
◇花・果実の時期　5～6月、ハナヤエムグラは4～8月

ヘクソカズラ　つる性の多年草。葉は対生、長さ4-10㎝幅1-7㎝。花は長さ1㎝ほど。果実は径5㎜ほど。写真：右＝果実、左＝花時

ヘクソカズラ

屁糞葛／別名ヤイトバナ・サオトメバナ・ヒョウソカズラ
アカネ科
Paederia scandens

日当たりのよい場所に普通に見られるつる性の多年草。ほかの木や草やフェンスなどに巻きついて伸びる。花や葉を揉《も》んだり、果実を潰したりすると特有の臭いがする。屁と糞と一緒にしたような臭いというわけでこの名がついた。クソカズラの名で万葉集にも詠まれている。花の中央部をお灸のあとに見立てたヤイトバナ、花を早乙女の笠に見立てたサオトメバナの名もあるが、名は体を表すというかヘクソカズラの方が覚えやすい。果実は黄褐色に熟し、中に2個の種《たね》がある。光沢のある果実はリースの材料などにできる。手で潰すと柔らかい果肉が出てくるほどに熟した果実はしもやけの薬として利用された。

◇分布　北海道〜沖縄、東南アジア
◇よく見る場所　道端・空き地・林の縁
◇花・果実の時期　8〜9月

オトコエシ　多年草。茎は高さ60-100㎝。葉は対生、長さ3-15㎝。花は径4㎜ほど。果実は長さ2-3㎜。写真：左＝花時

オミナエシ　多年草。茎は高さ60-100㎝。葉は対生、羽状に深く裂ける。花は径3-4㎜。果実は径3-4㎜。写真：右＝花時

オミナエシ

女郎花／別名オミナメシ・アワバナ
オミナエシ科
Patrinia scabiosaefolia

秋の七草のひとつ。日当たりのよい山野の草地に生える。根茎は横に這《は》い、新しい苗をつくって殖える。お盆が近づくと花屋の店頭に出回り、馴染み深い花であるが、夏の高原などは別にして、東京の近郊では自生の花は姿を消してしまった。オミナエシの名は「女飯」の転訛という説があるがはっきりしない。女郎花と書くのは万葉集にすでに見られるという。オミナエシやオトコエシを生けた水は腐った醤油の臭いがするので、中国ではオミナエシを敗醤《はいしょう》、オトコエシを白花敗醤と呼ぶ。オトコエシは白花で、山野の湿り気の多い半日陰に生え、全体に丈夫そうに見える。敗醤は腫れ物、解毒、利尿の薬に利用される。

◇**分布**　北海道～九州、朝鮮、中国、シベリア東部
◇**よく見る場所**　庭・花壇
◇**花・果実の時期**　8～10月

ブタクサ　一年草。茎は高さ30-150㎝。葉は下部では対生、上部は互生、羽状に細かく裂け長さ6-12㎝。頭花は径2-3㎜。写真：左＝草姿

オオブタクサ　一年草。茎は高さ1-3m。葉は対生、幅20-30㎝。花序の長さ5-20㎝。果実は長さ5-10㎜。写真：右上＝花時、右下＝花序の基部の雌花と雄花

ブタクサとオオブタクサ

豚草、大豚草／別名クワモドキ
キク科
ブタクサ*Ambrosia artemisiifolia*、オオブタクサ*A. trifida*

ブタクサは日当たりのよいところに生える一年草。明治時代に日本に入り戦後急速に広がった。茎や葉に柔らかい毛があり、葉は細かく深く裂けて、コスモスの葉に似ている。頭花は雄花と雌花がある。雄花は10個前後の小花が集まり、笠のような形の総苞《そうほう》に入って、長い穂に下向きにつき多量の花粉を散らす。

オオブタクサは一九五二年に静岡県清水港で見つかり、その後急速に広がった。茎に粗い毛があり、葉は大きく、掌状に深く裂け、両面にやや堅い毛がありざらつく。クワの葉に似るためクワモドキの名もある。風媒花で、大量の花粉を飛ばすためブタクサとともに花粉症の原因となり嫌われている。

◇**由来**　北アメリカ原産、ほぼ日本全土に見られる
◇**よく見る場所**　道端・造成地・空き地・河川敷
◇**花・果実の時期**　7〜10月、オオブタクサは7〜9月

アメリカセンダングサ　一年草。茎は高さ1-1.5m。葉は対生、羽状複葉、小葉は3-5個、長さ8-15㎝。頭花は径1-2㎝。果実は長さ6-10㎜。写真：草姿

アメリカセンダングサ

別名セイタカタウコギ

キク科
Bidens frondosa

大正時代に日本に入り、各地に広がった。河川敷、水路、公園の池の縁などの湿地に多く、水路などに繁殖すると強害草となる。茎は普通は紫褐色、切り口は四角くよく枝分かれする。葉は対生だが、茎の上の方につく葉はやや互生。頭花の中心に黄色の筒状花が集まり、外側に舌状花がつくが総苞《そうほう》内に隠れて見えない。総苞片は大きく葉のような形をしている。果実は扁平で先端の両端に刺《とげ》があり、刺にはさらに細かい逆向きの刺がある。果実は表面にも上向きの細かい刺があって動物や衣服について運ばれる。和名は葉の形がセンダンに似ていることによる。別名は在来種のタウコギより草丈が高いことによる。

◇由来　北アメリカ原産、日本全土に見られる
◇よく見る場所　河川敷・水路・公園の池の縁
◇花・果実の時期　9～10月

オオキンケイギク　多年草。茎は高さ30-70㎝。葉は対生、ときに一部互生。頭花は径5-7㎝。写真：花時

オオキンケイギク

大金鶏菊
キク科
Coreopsis lanceolata

北アメリカ原産の多年草。明治中頃に日本に入り、観賞用に栽培されたものが、道端、空き地、河川敷などに野生化している。痩せた土地でも丈夫に育つため高速道路や幹線道路の緑化用に種子がまかれてさらに繁茂している。オオハンゴウソウと同じように在来種を脅かすのではないかと心配。頭花の中心部に筒状花が多数集まり、外側に舌状花が並ぶ。花舌状花の先は切れ込みギザギザしている。花はコスモスに似て橙黄色、群生していると黄金色に輝くようで美しい。果実は扁平で黒く、半透明の薄い翼《よく》がまわりについて、風に飛ばされる。属名は「ナンキンムシに似ている」という意味で、果実の色、形による。

◇**由来**　北アメリカ原産、ほぼ日本全土に見られる
◇**よく見る場所**　道端・空き地・河川敷
◇**花・果実の時期**　5～7月

キバナコスモス　一年草。茎は高さ0.6-2m。葉は対生、2-3回羽状に切れ込む。頭花は径4-7㎝。果実は長さ1.5-2㎝。写真：左＝花時

コスモス　一年草。茎は高さ2-3m。葉は線状に切れ込む。頭花は径6-10㎝。果実は長さ0.7-1.5㎜。写真：右＝花時

コスモスとキバナコスモス

秋桜／別名アキザクラ・オオハルシャギク
キク科
コスモス*Cosmos bipinnatus*、キバナコスモス*C.sulphureus*

花に関心のない人でもこの花の名を知らない人はまずいないだろう。秋桜《あきざくら》の和名があるが、普通は属名のコスモスの方が馴染み深い。庭や公園などに植えられ、各地に花の名所ができている。花は中心に筒状花が集まり、外側に8枚の舌状花が並ぶ。花の色は多彩。ほとんど香りはないが、最近はチョコレートの香りがするものなどが植えられていて、花に鼻をつけんばかりに香りを楽しむ姿は微笑ましい。茎は細く、台風などで倒れやすいのが難点。最近は風に強いキバナコスモスが植えられるようになった。コスモスの仲間で、茎が太く葉の切れ込みが粗い。花の色は濃黄橙色のほか、橙色、赤色などがある。

◇**由来**　どちらもメキシコ原産
◇**よく見る場所**　庭・公園の花壇・河川敷
◇**花・果実の時期**　8～11月

ハキダメギク　一年草。茎は高さ15-60㎝。葉は対生、長さ3-6㎝幅1.5-4㎝。頭花は径5㎜ほど、舌状花は4-5個。果実は長さ1.5㎜ほど。写真：花時

ハキダメギク

掃溜菊
キク科
Galinsoga quadriradiata

空き地、道端、畑などに普通に生える熱帯アメリカ原産の1年草。大正時代に東京の世田谷で見つかり、現在では日本各地に広がっている。全体に粗い毛がある。茎は中ほどから繰り返し二又に分かれ、その先に小さな頭花がつく。総苞片《そうほうへん》と花柄に腺毛《せんもう》がある。頭花は中央に黄色の筒状花が多数集まり、まわりに白色の舌状花が4～5個つく。舌状花の先は3つに裂け山の字のようにも見える。果実の冠毛《かんもう》は白い鱗片《りんぺん》状で先はとがり縁はふさ状に細かく裂ける。この冠毛で風に飛ばされる。和名は掃き溜めで見つかったことにより、牧野富太郎が名づけた。舌状花に冠毛がないコゴメギクがところどころで見られる。

◇**分布**　熱帯アメリカ原産、日本全土に見られる
◇**よく見る場所**　道端・畑地・空き地
◇**花・果実の時期**　6～11月

イヌキクイモ　多年草。茎は高さ1mほど。葉は対生、長さ15cm幅5cmほど。頭花の舌状花は8-15個、舌状花の花冠は長さ3cm幅1cmほど。写真：右＝花時、左上＝塊茎、左下＝キクイモの塊茎

イヌキクイモ

犬菊芋
キク科
Helianthus strumosus

空き地、線路脇、河川敷などの明るいところに群生する。茎はほとんど無毛、葉にごく短い毛があり、ざらつく。頭花は黄色で、中央に筒状花が集まりまわりに舌状花がついて小型のヒマワリのよう。地中にある塊茎《かいけい》は小さなサツマイモのような形で、これで増殖する。植物観察会でこのかたまりを掘り出して見せると、驚くので楽しい。和名はキクイモに似ていて役に立たないという意味だが、観察会では大いに役立っている。よく似たキクイモの花は9月頃から咲き始め、こちらの塊茎は、色、形とも根ショウガに似て甘味がある。イヌキクイモはキクイモに含まれるという意見があるが、ここでは分けた。

◇**由来**　北アメリカ原産
◇**よく見る場所**　空き地・線路脇・河川敷
◇**花・果実の時期**　7〜10月

オオハンゴンソウ　多年草。茎は高さ1-3m。根生葉は2回羽状に深裂、茎の葉は互生。頭花は径6-10㎝、舌状花は6-10個。果実は長さ4-5㎜。写真：花時

オオハンゴンソウ

大反魂草
キク科
Rudbeckia laciniata

北アメリカ原産の大型の多年草。明治中頃に園芸植物として日本に入り、丈夫で育てやすいため広く栽培された。現在は各地のやや湿り気のある草地に野生化し、北海道では大群生し、在来種を脅かしている。地下茎は横に長く這《は》って殖える。茎はまばらに短い毛があるがときにないものもあり、白っぽい。頭花は中心部に緑黄色の筒状花が多数集まり、外側に10～14個の舌状花が並ぶ。果実はやや扁平で角に稜《りょう》があり、冠毛《かんもう》はくっついて先は鋸の歯状で王冠のような形。花の後、花床は円錐形に盛り上がる。筒状花が全部舌状になった八重咲きをハナガサギクと呼び、庭などで栽培され、野生化もしている。

◇**由来**　北アメリカ原産、ほぼ日本全土に見られる
◇**よく見る場所**　草地
◇**花・果実の時期**　7～10月

オオオナモミ　一年草。茎は高さ0.5-2m。葉は互生、長さ5-15cm幅4.5-15cm、3-5個に裂ける。雌雄同株。いがは長さ1.5-2.5cm幅1-1.8cm。写真：右＝オオオナモミ、左上＝同じく果実と花、左下＝イガオオナモミ

オオオナモミ

大葈耳
キク科
Xanthium occidentale

荒れ地、河川敷、空き地など日当たりのよい場所に生える。雌雄同株で、花序の上方に黄白色の雄頭花が、下方に壺状に合着した総苞片《そうほうへん》に包まれた雌頭花がつく。成熟した壺状体の先端に先の曲がった2個の嘴《くちばし》があり、全面にかぎ状に曲がった刺《とげ》を密生する。この刺で衣服や動物の毛などに引っかかり種《たね》が遠くに運ばれる。この実を投げ合って相手の衣服にくっつけて遊んだ。植物の思う壺にはまったわけである。壺状体の中に2個の種《たね》が入り大きい方に発芽力がある。刺の形はマジックテープ開発のヒントになったという。この頃イガオオナモミが勢力を拡大している。こちらは壺状体の表面や刺に鱗片《りんぺん》状の毛がある。

◇由来　メキシコ原産、北海道～九州に見られる
◇よく見る場所　荒れ地・河川敷・空き地
◇花・果実の時期　9～12月、果実は褐色に熟す

ノボロギク　一～二年草。茎は高さ20-40㎝。葉は互生、長さ3-5㎝幅1-2㎝、羽状に裂ける。総苞は長さ8-10㎜。果実は長さ1.2-2.5㎜。写真：花時

ノボロギク

野襤褸菊
キク科
Senecio vulgaris

明治初めにヨーロッパから入った一～二年草。道端、公園、街路樹の植込みの下、田畑のまわりなどに生える。花はほぼ一年中咲いている。普通は日当たりのよいところに咲くが、真夏は半日陰で花を見ることが多い。茎は紫褐色を帯び、水気が多くて柔らかく、根もとからよく枝を分ける。葉は濃い緑色で表面にやや光沢があり、不規則に羽状に裂ける。頭花は黄色で、茎の先や葉の腋《わき》から出る枝の先につき、筒状花だけ集まっているが、まれに舌状花が出ることがある。果実には白色の冠毛《かんもう》があり風に乗って遠くに運ばれる。和名は山の木陰に生えるボロギク（サワギク）に似て、野に生えることからついた。

◇由来　ヨーロッパ原産、日本全土に見られる
◇よく見る場所　道端・公園・植込み・畑地
◇花・果実の時期　ほぼ一年中

ノコンギク　多年草。茎は高さ30-100㎝。葉は互生、茎葉は長さ6-12㎝幅3-5㎝。頭花は径2.5㎝ほど。果実は長さ1.5-3㎜。写真：左＝花時

シオン　多年草。茎は高さ1-2m。葉は互生、根生葉は長さ60㎝以上、茎葉は長さ20-35㎝。頭花は径3-3.5㎝。果実は長さ3㎜ほど。写真：右＝花時

シオンとノコンギク

紫苑／別名オニノシコグサ・オモイグサ、野紺菊
キク科　シオン *Aster tataricus*、ノコンギク *A. ageratoides* ssp. *ovatus*

シオンは中国、朝鮮などの原産で、古い時代に薬用植物として入ったとされ、本州の中国地方と九州の山地に野生化している。根を煎じて咳止め、去痰の薬に用いる。根は紫褐色あるいは灰褐色で特有の臭いがあり、なめると少し甘味を感じ、その後苦味を感じる。

ノコンギクは山道、農道、河川の土手、公園など日当たりのよい場所に普通に生える。栽培品種のコンギクは花数が多く、舌状花は青紫色〜紅紫色。よく似たヨメナやカントウヨメナは葉の毛は少なく、冠毛《かんもう》はごく短い。ノコンギクは天ぷらに、ヨメナやカントウヨメナはヨメナご飯にすると香りよく美味。

◇**分布**　シオンは中国・朝鮮原産、ノコンギクは本州〜九州に分布
◇**よく見る場所**　庭・公園・河川の土手
◇**花・果実の時期**　8〜10月、ノコンギクは11月頃まで

ミヤコワスレ　多年草。茎は高さ20-50㎝。葉は互生、長さ3.5-6㎝幅2.5-3㎝。頭花は径3.5-4㎝。果実は長さ3-4㎜で冠毛はない。写真：花時

ミヤコワスレ

都忘／別名ミヤマヨメナ・ノシュンギク
キク科
Miyamayomena savatieri

山地の木陰に自生するミヤマヨメナからつくられた園芸品。江戸時代から庭などで栽培され、切り花や茶花にも用いられる。茎の高さは40㎝前後だが、鉢植え用に草丈の低い品種もある。頭花は中心に黄色の筒状花が多数集まり、外側に舌状花が並ぶ。舌状花は淡青紫色、青紫色、紅紫色、淡紅色、白色など多彩。春か秋に挿し芽で殖やすか株分けなどで殖やす。やや湿り気のある排水性のよい半日陰の場所を好み、連作を嫌うので毎年植えかえる。野生種に近い淡紫色のものが丈夫で育てやすいように思う。和名は、清楚なこの花を見ていると都のことを忘れることができるという鎌倉時代の天皇の逸話による。

◇**由来**　本州〜九州に分布するミヤマヨメナの園芸品
◇**よく見る場所**　庭・公園の花壇
◇**花・果実の時期**　5〜6月

ツワブキ　常緑の多年草。花茎は高さ30-75㎝。根生葉は長さ4-15㎝幅6.5-29㎝。頭花は径4-6㎝。果実は長さ5-6.5㎜。写真：右＝花時、左上＝花、左下＝斑入り葉

ツワブキ

石蕗／別名ツワ
キク科
Farfugium japonicum

海岸の岩の上や海辺に近い土地に生える常緑の多年草。花や濃い緑色の光沢のある葉を観賞するため公園、庭、緑道などに植えられる。若葉は内側に丸まり灰褐色の柔らかい毛が密生する。花は晩秋に咲き、花の少ない時期だけに、鮮やかな黄色が輝くようだ。頭花は中心部に両性の筒状花が多数集まり、外側に雌性の舌状花が1列に並ぶ。果実に淡褐色の冠毛《かんもう》がつき、風に乗って遠くへ飛ばされる。和名は葉に艶のあるフキを意味する「艶蕗」の転訛という。長い葉柄を山菜として食べる。フキよりもアクが強いが、よりおいしいというファンが多い。葉や太い地下茎は打撲、健胃、食当たりなどの民間薬に利用される。

◇**分布**　本州～沖縄、朝鮮、中国
◇**よく見る場所**　庭・公園・緑道
◇**花・果実の時期**　10～12月

フキ　多年草。葉柄の長さ60㎝径1㎝ほど。葉は幅15-30㎝。雌雄別株。花茎は高さ7-26㎝（雌花序は花後70㎝ほどまで）。頭花は径0.7-1㎝。果実は3.5㎜ほど。写真：右＝葉、左＝花時

フキ

蕗／別名フフキ
キク科
Petasites japonicus

山野の日当たりのよいところに生える多年草。地下茎を伸ばして殖える。葉や花の蕾《つぼみ》にある独特の香りと苦味が好まれて春の食材にされる。茎を醤油とみりんで煮たキャラブキは保存食として、茎をシロップで煮詰めたものは洋菓子に用いるアンジェリカの代用品。早春に地下茎から花茎を伸ばす。頭花は筒状花だけからなり、雄株の頭花は黄色っぽく、雄しべと雌しべが揃った両性花だが結実しない。雌花の頭花は白っぽく、多数の雌花と数個の両性花がまじり白い冠毛のある果実ができる。食用のほか、咳止め、去痰などの民間薬に利用される。北海道や東北地方には変種で大型のアキタブキが分布している。

◇分布　本州～沖縄、朝鮮、中国
◇よく見る場所　土手・畑地
◇花・果実の時期　4～5月

オオアレチノギク　一～二年草。茎は高さ1-1.8m。葉は互生、茎葉は長さ8-15cm幅1-2cm。頭花は径3-4mm。果実は長さ1.4mmほど。写真：右＝オオアレチノギク、左下＝同じく茎葉の開出毛、左上＝アレチノギク

オオアレチノギク

大荒地野菊
キク科
Conyza sumatrensis

大正時代に日本に入り、荒れ地や道端、河川敷などの日当たりのよい場所に生える。茎は背丈ほどの高さになり、柔らかい開出毛が多い。葉の両面にごく短い毛がある。頭花は中心に淡黄色の筒状花が、まわりに多数の舌状花がつく。舌状花の舌状の部分は小さく、総苞《そうほう》より上に出ず目立たない。果実（そう果）につく冠毛《かんもう》は熟すと傘のように広がり、風に乗って遠くまで運ばれる。山崩れなどで裸地になった場所に最初に入る先駆植物のひとつ。一時減っていたが幹線道路沿いに分布を広げているアレチノギクが似ている。こちらは、草丈が30cmほどと低く、茎の上方につく葉はよじれて、頭花は少し大きく径5mmほど。

◇**由来**　南アメリカ原産、本州～沖縄に見られる
◇**よく見る場所**　道端・荒れ地・河川敷
◇**花・果実の時期**　8～10月

ヒメムカシヨモギ　一〜二年草。茎は高さ1-2m。葉は互生、茎葉は長さ7-10㎝幅0.5-1.5㎝。頭花は径3㎜ほど。果実は長さ1.2㎜ほど。写真：右上＝ロゼット、右下＝茎葉の毛、左＝花時

ヒメムカシヨモギ

姫昔蓬／別名カングンソウ・ゴイッシングサ・テツドウグサ・メイジグサ・ヨガワリグサ　キク科

Conyza canadensis

北アメリカ原産の二年草。原野、道端、空き地などの日当たりのよいところに生える。明治の初めに日本に入ったので御一新草《ごいっしんぐさ》、明《めい》治草《じぐさ》、官軍草《かんぐんそう》など、鉄道線路に沿って分布を広げたので鉄道草《テツドウグサ》などの別名がある。茎の高さは背丈ほどになり、まばらに粗い毛がある。葉は両面にやや毛があり、縁に長い毛がある。頭花は淡黄色の筒状花とそのまわりに多数の白色の舌状花がつく。舌状花は総苞《そうほう》の外に平らに開く。果実（そう果）の冠毛《かんもう》は白色〜淡褐色。風に飛ばされて、崩壊地などに入れば、先駆植物として森林の再生に役立つ。都会では家の跡地などにオオアレチノギクとともに真っ先に入り群生する。

◇**由来**　北アメリカ原産、日本全土に見られる

◇**よく見る場所**　道端・空き地・草地

◇**花・果実の時期**　8〜10月

ペラペラヨメナ　多年草。茎は高さ20-40㎝。茎の葉は互生、長さ2-5㎝、3-5中裂。頭花は径1.5-2㎝。果実は1㎜ほど。写真：花時

ペラペラヨメナ

別名エリゲロン・ペレペレヒメジョオン・メキシコヒナギク・ゲンペイコギク

Erigeron karvinskianus　キク科

中央アメリカ原産の多年草。一九四九年に京都で採集されペラペラヨメナとして報告された。川沿いの崖、人家周辺の石垣や歩道のすき間などに生える。頭花の径は約1.6㎝で、舌状花は初め白色、後に淡い紅紫色に変わる。果実（そう果）はやや扁平な淡褐色。同じ株に白色、淡紅紫色、淡褐色の色が混ざり、根もとから多数枝分かれしてやや斜めに、あるいは地面を這《は》うように広がるため、グランドカバー植物として公園や民家の庭などに植えられる。葉の質が薄いことからペラペラヨメナと名づけられたが、エリゲロン、ペラペラヒメジョオン、メキシコヒナギク、ゲンペイコギクとも呼ばれる。

◇**由来**　中央アメリカ原産、本州〜沖縄に見られる

◇**よく見る場所**　石垣や歩道のすき間・川沿いの崖

◇**花・果実の時期**　5〜11月

ヒメジョオン　一～二年草。茎は高さ0.3-1.2ｍ。茎葉は互生、長さ5-15㎝幅1.3-3㎝。頭花は径2㎝ほど。写真：左＝花時

ハルジオン　多年草。茎は高さ0.3-1ｍ。茎葉は互生、長さ5-15㎝幅1.5-3㎝。頭花は径1.5-2.5㎝。果実は長さ0.8㎜ほど。写真：右＝花時

ハルジオンとヒメジョオン

別名ハルシオン・ベニバナヒメジョオン
キク科　ハルジオン*Erigeron philadelphicus*、
ヒメジョオン*E. annuus*

道端、空き地、公園など日当たりのよい場所に生育する多年草。北アメリカ原産。大正中頃に園芸植物として入り、各地に広がった。茎は中空。根生葉は花時も残り、茎上の葉の基部は茎を抱く。花期は4～7月。頭花の直径2～2.5㎝。舌状花は白色または紅紫色で、冠毛《かんもう》は長い。蕾《つぼみ》の時は茎からうなだれていて、この様子から「お嫁さん」と呼ぶ地方もある。よく似たヒメジョオンは、一年草または越年草。茎の中に髄があり、根生葉は花時に枯れる。葉の基部は茎を抱かない。花期は5～9月。舌状花は白色で、冠毛はほとんどない。花柄からうなだれる蕾はあるが、茎からうなだれることはない。

◇由来　北アメリカ原産、ほぼ日本全土に見られる
◇よく見る場所　道端・空き地・土手・草地
◇花・果実の時期　4～7月、ヒメジョオンは5～9月

オオアワダチソウ　多年草。茎は高さ0.5-1.5m。葉は互生、長さ5-15㎝幅1.5-2㎝。頭花は径6-7㎜。写真：左＝花時

セイタカアワダチソウ　多年草。茎は高さ0.5-2.5m。葉は互生、長さ5-15㎝幅1-2.5㎝。頭花は径3-4㎜。果実は長さ1㎜ほど。写真：右＝花時

セイタカアワダチソウ

背高泡立草／別名セイタカアキノキリンソウ・ヘイザンソウ
キク科
Solidago altissima

北アメリカ原産で明治時代に観賞用に入り、その後野生化したとされる。大正頃から京阪神を中心に広がり始め、戦後急激に繁殖した。この時期が炭鉱の閉山やベトナム戦争の頃にあたり「閉山草」、「ベトナム草」の名もある。茎や葉に毛がありざらつく。茎は紫褐色のものが多く、地下茎を網の目のように伸ばし大群生する。花粉症の原因とされて草刈り運動が起きたりしたが、虫媒花なのであまり関係ない。花は蜜源に茎は建築材にされる。同じ北アメリカ原産のオオアワダチソウは花期が7〜9月と早く、花序の分枝は少なく頭花はやや大きい。茎は紫褐色にならず、ほとんど無毛。葉は無毛でざらつかない。

◇**由来**　北アメリカ原産、ほぼ日本全土に見られる
◇**よく見る場所**　空き地・河川敷・線路脇
◇**花・果実の時期**　10〜11月

ヨモギ　多年草。茎は高さ50-100㎝。葉は互生、長さ6-12㎝幅4-8㎝。頭花は径2.5-3.5㎜。果実は長さ1.5㎜。写真：右上＝花穂、右下＝若葉の頃、左＝花時

ヨモギ

蓬／別名カズサヨモギ・モグサ・モチグサ・サシモグサ
キク科
Artemisia princeps

最も普通に見られる多年草。長い地下茎を伸ばして殖える。全体に柔らかい毛を密生し、葉の裏は真っ白に見える。秋に多数の小さな花が下向きに開く。頭花は筒状花の集まりで、中心部は両性、まわりは雌性でともに結実する。古い時代から食用に薬用に利用されてきた。よく乾燥した葉を搗《つ》いて集めた綿毛がお灸のもぐさ。和名はよく燃えるという意味で善燃草《よもぎ》、春に枯れ草の間から若葉がよく萌え出るので善萌草《よもぎ》、よく殖えるので四方草《よもぎ》などの説がある。一般にはモチグサの名で親しまれる。香りのよい若葉を弥生の節句の草餅に、端午の節句にはショウブと一緒に軒にさし、風呂に入れるなど、年中行事の脇役である。

◇**分布**　本州〜九州・小笠原、朝鮮
◇**よく見る場所**　道端・土手・畑地
◇**花・果実の時期**　9〜10月

フランスギク　多年草。茎は高さ30-50㎝。葉は互生、根生葉は長さ15㎝ほど。花は径5㎝ほど。写真：右＝フランスギク、左＝シャスタデージー

フランスギク

仏蘭西菊
キク科
Leucanthemum vulgare

ヨーロッパの原産。江戸末期に観賞用として日本に入り、現在も庭や公園で栽培される。寒さに強いうえに種《たね》でよく繁殖するため、日当たりのよい路傍や空き地に野生化している。葉は濃い緑色で表面に艶があり、細長いへら形で縁に低い鋸歯《きょし》がある。花は中心部に筒状花が、外側に舌状花が並ぶ。果実（そう果）は黒色で10本の白色の筋が入り先端にある冠毛《かんもう》はくっついて皿形。マーガレットによく似ているが、マーガレットの葉は細かく切れ込み、寒さに弱いためほとんど野生化していない。フランスギクと日本のハマギクを交配したシャスタデージーもよく植えられている。こちらは頭花が大きく10㎝近くになる。

◇**由来**　ヨーロッパ原産、北海道・本州に見られる
◇**よく見る場所**　庭・公園・道端・空き地
◇**花・果実の時期**　4〜5月

ウラジロチチコグサ　一～二年草。茎は高さ20-70㎝。葉は互生、へら形。頭花は径3-3.5㎝。果実は長さ0.4㎜ほど。写真：花時

ウラジロチチコグサ

裏白父子草
キク科
Gnaphalium spicatum

南アメリカ原産。渡来した時期はよくわからないが、一九七〇年代に初めて見つかり、その後急速に広がった。日当たりのよい場所に普通に生える。葉は表がほぼ無毛で艶のある濃い緑色、裏は白いねた綿毛が密生し真っ白に見えるのが特徴。地面にロゼット状に張りつき冬を越すが、この形でうまく草取りから免れて繁殖する。頭花はすべて筒状花で総《そう》苞《ほう》に埋もれるように壺形になり中央部から先が急に細まる。総苞片に毛はなく、若いときは紅紫色を帯び後に褐色になる。よく似た帰化植物に、頭花が淡褐色のチチコグサモドキ、暗褐色を帯びるタチチチコグサ、淡紅色から褐色に変わるウスベニチチコグサがある。

◇**由来**　南アメリカ原産、関東以西～九州に見られる
◇**よく見る場所**　道端・空き地・芝地
◇**花・果実の時期**　4～8月

チチコグサ　多年草。茎は高さ8-25㎝。葉は互生、根生葉は長さ2.5-10㎝。総苞は長さ5㎜。果実は長さ1㎜ほど。写真：左＝花時

ハハコグサ　二年草。茎は高さ15-40㎝。葉は互生、長さ2-6㎝。総苞は黄色、長さ3㎜ほど。果実は長さ0.5㎜ほど。写真：右＝花時

ハハコグサとチチコグサ

母子草／別名ホウコグサ・オギョウ・ゴギョウ、父子草
キク科　ハハコグサ *Gnaphalium affine*、
チチコグサ *G. japonicum*

ハハコグサは日当たりのよいところに普通に生える。冬越しの葉はロゼット形で、全体に綿毛におおわれ白っぽい緑色。頭花の総苞《そうほう》片《へん》は乾いた膜質で淡黄色。頭花は筒状花の集まりで両性花と雌性花があり両方とも結実して長い冠毛《かんもう》で風に飛ぶ。古名のホオコグサは全体に綿毛が多く冠毛がほおけだつことに由来するという。母子草の名は『文徳実録《もんとくじつろく》』（八七九年）にある。春の七草のひとつで、オギョウまたはゴギョウと呼ばれ、古くは草餅にされたが、江戸時代にヨモギに変わった。

チチコグサは頭花の総苞が灰褐色、花序のすぐ下に細く短い葉が数個つく。

◇**分布**　日本全土、朝鮮、中国、ハハコグサは東南アジア～インドまで
◇**よく見る場所**　道端・畑地・荒れ地・芝地
◇**花・果実の時期**　4～6月、チチコグサは5～10月

ミズヒマワリ　多年草。花茎は高さ1-1.5m。葉は対生、長さ20㎝ほど。頭花は径1㎝ほど。果実は長さ2㎜ほど。写真：花時

ミズヒマワリ

水向日葵
キク科
Gymnocoronis spilanthoides

一九九五年に愛知県豊橋市の川で発見された外来植物のニューフェイス。熱帯魚の水槽に植える水中植物として日本に入った。茎は太く中にすき間があり、空気を蓄えて浮きやすい。茎がちぎれても節から根を出し盛んに成長し、水の中から抜きん出て高さ1m以上になる。現在では、水の中や水辺にすごい勢いで繁殖し、河川の流れを悪くする有害な草とされて、撲滅運動が起きている地域がある。秋に小さな白色の花が丸い形に集まって咲く。花柱は2つに深く裂けて、先はへら形になりふさふさしている。和名は水の中に生え、葉の形がヒマワリに似ていることによる。

◇**由来**　中央・南アメリカ原産、本州（関東・東海・近畿）に見られる
◇**よく見る場所**　川の中・水辺
◇**花・果実の時期**　9～10月

ヤグルマギク　一年草。茎は高さ0.3-1m。葉は互生、茎の中ほどの葉は長さ7.5-15㎝、下部の葉は羽状に裂ける。頭花は径3-4㎝。写真：花時

ヤグルマギク

矢車菊／別名ヤグルマソウ
キク科
Centaurea cyanus

明治時代に園芸植物として入り、庭や公園などで栽培され、ときどき人家のまわりに野生化している。頭花は筒状花だけで、中央部に短い筒状花が、まわりに花弁が大きい筒状花が並ぶ。花の中央部を指先でぽんぽんと刺激すると白い花粉がもくもくと雄しべの筒の先に出てくる。野生種の花色は青紫だが、園芸品種は淡紅色、赤色、白色など色彩豊か。鉢植え、切り花のほか、ドライフラワーにされる。古代エジプトのツタンカーメン王の棺に納められたヤグルマギクがそのままの形で残っていたという。ヤグルマソウともいうが、山地に自生するユキノシタ科の植物に同名のものがあるので、ヤグルマギクが適切。

◇由来　ヨーロッパ南東部原産
◇よく見る場所　庭・公園・人家のまわり
◇花・果実の時期　4〜6月

ブタナ　二年草。茎は高さ25-80㎝。葉はすべて根生葉、長さ6-11㎝幅1.5-4.5㎝。頭花は径3-4㎝。果実は長さ3-6㎜。写真：右＝果実時、左＝花時

ブタナ

豚菜／別名タンポポモドキ
キク科
Hypochoeris radicata

ヨーロッパ原産の多年草。昭和初めに札幌で見いだされて全国に広がり、造成地、道端、空き地など日当たりのよいところに繁殖している。葉は根生し黄褐色の堅い毛があり、切れ込みのないものから羽状に深く切れ込むものまでいろいろな形がある。茎は上部で枝分かれし、枝先に鮮やかな黄色の頭花がつく。頭花は舌状花だけでできている。果実（そう果）に淡褐色の冠毛《かんもう》があり、風に飛ばされて遠く運ばれる。冠毛は羽状に枝分かれしている。タンポポモドキの別名があるようにタンポポに似ているが花茎が枝分かれするのがブタナの特徴。フランス名は「豚のサラダ」の意味で、そこから豚菜と名がつけられた。

◇**由来**　ヨーロッパ原産、日本全土に見られる
◇**よく見る場所**　道端・空き地・造成地
◇**花・果実の時期**　6〜9月

オニタビラコ　一～二年草。茎は高さ20-100㎝。根生葉は長さ8-25㎝幅1.7-6㎝、茎の葉は少ない。頭花は径7-8㎜。果実は長さ1.8㎜ほど。写真：右＝草姿、左＝花

オニタビラコ

鬼田平子
キク科
Youngia japonica

公園、墓地、道端、植込みの下、庭、歩道のコンクリートのすき間、石垣などいたるところにごく普通に生える一～二年草。茎、葉ともに全体に柔らかく毛がある。葉は茎の根もとに集まってロゼット形をつくり、真ん中から茎が伸び出て、高さは普通15～80㎝くらい、なかには1m近くになるものもある。茎は普通、紫褐色に染まるが緑色のものもある。花が咲くのは4～10月だが、日溜まりになる場所や暖地ではほぼ1年中。冠毛《かんもう》は白色。果実（そう果）は風に飛ばされる。冬越しするロゼット葉の多くは紫褐色で目立たない。和名はタビラコに似て大きいことからついた。タビラコはコオニタビラコの別名。

◇**分布**　北海道～沖縄、東・東南アジア～オーストラリア
◇**よく見る場所**　庭・道端・公園・土手・石垣
◇**花・果実の時期**　4～10月（暖地では1年中）

オニノゲシ　一～多年草。茎は高さ0.2-1m。葉は互生、羽状に切れ込む。頭花は径1.5-2㎝。果実は長さ2.5㎜ほど。写真：左＝花時

ノゲシ　二年草。茎は高さ0.5-1m。葉は互生、長さ15-25㎝幅5-8㎝。頭花は径2㎝ほど。果実は長さ3㎜ほど。写真：右＝花時

オニノゲシとノゲシ

鬼野罌粟、野罌粟／別名ハルノノゲシ・ケシアザミ
キク科
オニノゲシ*Sonchus asper*、ノゲシ*S. oleraceus*

オニノゲシはヨーロッパ原産、明治時代に日本に入り、現在ではいたるところに生えている。茎は太く中空。ノゲシに比べて葉の色が濃く、表面に光沢があり、しばしば白い斑が入る。葉の鋸歯《きょし》の先は刺《とげ》になって、触ると傷つくほど痛い。葉は茎を抱き基部の裂片の先は丸く、耳たぶのような形になる。ときにノゲシとオニノゲシの中間の形のものがあり、アイノゲシと呼ばれる。

ノゲシの葉は鋸歯の先が鋭いものもあるが、触っても痛くない。茎の下部の葉は長い柄があり、上の葉は基部が深く2裂して茎を抱き、先は三角形で張り出す。若い葉は食べられ、やや苦味があるのが持ち味。

◇**由来**　ヨーロッパ原産、日本全土に見られる
◇**よく見る場所**　道端・草地・畑地・荒れ地
◇**花・果実の時期**　春～夏、ノゲシは4～7月

オオジシバリ　多年草。茎は細く横に這う。葉は長さ7-35㎝幅1.5-3㎝。頭花は径2.5-3㎝。写真：花時

オオジシバリ

大地縛
キク科
Ixeris debilis

田の畦道、道端、空き地などの日当たりのよい場所に普通に生える。土と一緒に運ばれたのか、公園や道路の歩道の植込みの中、分離帯などにも見かける。茎は細く、地面に長く伸びて枝を分けて広がる。葉はへら形で長い柄があり下の方に切れ込みが入ることがある。花茎の先に1～5個の鮮やかな黄色の花がつく。頭花は舌状花の集まり。タンポポと間違えられるが、タンポポの花茎は枝分かれせず、舌状花の数も多い。和名はジシバリに似ていて花や葉が大きいことによる。ジシバリはオオジシバリより小型で、葉は小さく丸く、生える場所も同じ。両種とも、乾燥した葉を煎じて健胃などの民間薬に利用される。

◇分布　北海道西南部～沖縄、朝鮮、中国
◇よく見る場所　道端・空き地・畦道
◇花・果実の時期　4～6月

ニガナ　多年草。花茎は高さ10-40㎝。葉は互生、長さ3-10㎝幅0.5-3㎝。頭花は径1.5㎝ほど。果実は長さ3-3.5㎜。写真：花時

ニガナ

苦菜
キク科
Ixeris dentata

道端、田畑のまわり、河川の土手、山地の道端、原野などの日当たりのよいところに普通に生える多年草。茎はまっすぐ伸びて、上の方で枝分かれする。根もとから出る葉は縁に切れ込みがあるがないものもあり、個体によって切れ込みの形はいろいろ。葉の下の方は耳形になり茎を抱く。花は普通舌状花が5個集まる。果実に淡茶褐色の冠毛《かんもう》がある。茎を切ると白い乳汁が出る。これをなめると苦いのでこの名が生まれた。オオジシバリやジシバリも切り口から白い乳汁が出る。ニガナも民間薬では健胃剤として利用される。舌状花の数が8～10個と多いものをハナニガナと呼び、ところどころに見られる。

◇分布　北海道～九州
◇よく見る場所　道端・田畑のまわり・河川の土手
◇花・果実の時期　5～7月

シロバナタンポポ　葉は長さ20-30㎝幅3-5㎝。頭花は径3.5-4.5㎝。果実は長さ4㎜ほど。写真：左＝花時

カントウタンポポ　葉は長さ20-30㎝幅2.5-5㎝。頭花は径3.5-4.5㎝。果実は長さ4.5-5㎜。写真：右＝花時

タンポポ

キク科　カントウタンポポ *Taraxacum platycarpum*、シロバナタンポポ *T. albidum*、セイヨウタンポポ *T. officinale*

都会から郊外の畑地や放棄畑などいたるところに生える多年草。タンポポ属は北半球の温帯から寒帯に約400種あり、日本には20種ほど自生している。葉は地面に平たく放射状に広がり、葉の腋《わき》から花茎を伸ばし、先端に頭花を1個つける。花茎は枝分かれしない。頭花は日が当たると開き、日差しが弱くなると閉じる。これを数日間繰り返す。雨や曇りの日は閉じたまま。頭花はすべて両性の舌状花からなる。舌状花の数は、明治時代に日本に入ったヨーロッパ原産のセイヨウタンポポは約150〜200個、日本産のタンポポポは約60〜110個。舌状花の先端は5つに分かれる。果実は軽く、長い冠毛《かんもう》がパラシュートのように開き、遠くに運ばれる。葉や花茎を切るとゴム質を含む白い乳液が出る。

セイヨウタンポポ　葉は長さ20-30㎝幅2.5-5㎝。頭花は径4-5㎝。果実は長さ4㎜ほど。写真：右上＝カントウタンポポの総苞、右下＝雑種の総苞、左＝セイヨウタンポポの花時

昆虫が茎葉を傷つけると乳液が体につき動けなくなり、外敵から守ることができる。

外来種と在来種は総苞片《そうほうへん》で見分けることができる。総苞外片が反り返り下に垂れていれば外来種、総苞外片が上向きについていれば在来種である。しかし、一九九〇年代に在来種と外来種との雑種が見つかり、現在ではほとんどが雑種であるといわれ、外見で判別がむずかしい植物になった。和名は球形の果実を稽古用の槍の先につけるタンポに見立てた、あるいは、花茎で鼓をつくってタンポンという音を連想した遊びからなどの説がある。英名のダンデライオンは葉の切れ込みをライオンの歯に見立てたといわれる。乾燥した根は古くから健胃薬に用いられる。葉や花はサラダなどにすると肉料理によく合う。

◇分布　カントウタンポポは関東地方・中部地方東部
シロバナタンポポは本州（東京以西）～九州
セイヨウタンポポはヨーロッパ原産、日本全土

◇よく見る場所　庭・道端・草地・土手・畑地

◇花・果実の時期　1～5月頃

セキショウ　常緑の多年草。葉は長さ30-50㎝幅2-8㎜。花茎は高さ10-30㎝。花序は長さ5-10㎝。果実は長さ2.5-3㎜。写真：右＝草姿、左＝花時

セキショウ

石菖／別名セキショウブ
サトイモ科
Acorus gramineus

水辺に群生する常緑の多年草。根茎は発達して横に這《は》い節から根を出し岩場にしっかり根を下ろす。葉は表裏が同じよう。春にごく小さい花が長い軸にすき間なくまるで黄色い棒のようにつく。冬も葉が深緑色で、葉や根茎にはショウブと同じような香りがあるので、江戸時代から盛んに栽培され、現在も庭や公園などの池や流れの縁に植えられる。和名は岩について生え、ショウブに似ていることによるという。根茎には芳香成分が多く含まれ、天日に干したものを煎じて、健胃、鎮痛薬とする。コウライゼキショウ、ビロウドゼキショウ、カマクラゼキショウなどの園芸種がある。

◇分布　本州～九州、朝鮮、中国～インド、ベトナム
◇よく見る場所　溝や川の縁
◇花・果実の時期　3～5月

ウラシマソウ　多年草。葉柄は長さ18-40㎝。葉は1枚（ときに2枚）、11-17個に裂け、小葉は長さ9-25㎝。雌雄別株。仏炎苞は長さ12-18㎝、花序の付属体は長さ30-60㎝くらい。写真：花時

ウラシマソウ

浦島草
サトイモ科
Arisaema thunbergii ssp. *urashima*

平地や低山の木陰に生える多年草。丸い地下茎のまわりに多くの子球をつくり繁殖する。葉身は深く裂けて11〜17個の小葉に分かれU字形に曲がって見える。名前をローマ字で書くとUから始まるので、これにかけて覚えるとわかりやすい。これは関東周辺だけに通用する覚え方で、伊豆七島にはシマテンナンショウがあるのでこの方法は通用しない。花は仏炎苞《ぶつえんほう》に包まれた花軸に多数つき、花軸の先は長くひも状に伸びる。これを浦島太郎が釣り糸を垂れている姿に見立てて和名が生まれた。この仲間は雌雄別株だが、地下茎が大きいと雌株に、小さいと雄株になる、同じ株が雌雄に転換するおもしろい植物だ。

◇**分布**　北海道南部〜九州北部
◇**よく見る場所**　庭・林の木陰
◇**花・果実の時期**　4〜5月

カラスビシャク　多年草。葉は1-2個、小葉は3個で長さ3-12㎝。雌雄同株。花茎は長さ20-40㎝、仏炎苞は長さ5-7㎝、花軸の付属体は長さ6-10㎝。写真：右＝草姿、左＝葉の基部についたむかご

カラスビシャク

烏柄杓／別名ハンゲ（半夏）
サトイモ科
Pinellia ternata

畑や道端、墓地の通路など日当たりのよいところに生える。地下深くに1㎝ほどの球形の地下茎があり、そこから1～2個の葉が出る。葉柄の途中と小葉の基部にむかごをつける。花茎は葉より高く出る。花軸は仏炎苞《ぶつえんほう》に包まれ、花軸の下部は仏炎苞の背側にくっついて多数の雌花がつく。雄花は雌花の少し上、花軸が仏炎苞と離れた部分に雄しべの葯《やく》が密生する。果実は緑色。子球やむかごで殖える。和名は仏炎苞の形を柄杓に見立てたもの。球茎を干したものを漢方で半夏《はんげ》と呼び、つわりの薬にする。畑の雑草のカラスビシャクの球茎を掘り、小遣いかせぎができるのでヘソクリと呼ぶ地方もある。まさに一挙両得。

◇**分布**　北海道～沖縄、朝鮮、中国
◇**よく見る場所**　畑・道端・墓地の通路
◇**花・果実の時期**　5～8月

ヤブミョウガ　多年草。茎は高さ50-100㎝。葉は互生、長さ20-30㎝幅3-6㎝。花穂は長さ20-30㎝。花は径0.7-1㎝。果実は径5㎜ほど。写真：右＝果実、左＝花時

ヤブミョウガ

藪茗荷　ツユクサ科　*Pollia japonica*

山野の林内、公園などの湿り気の多い日陰に生える多年草。茎と葉はともにざらつく。夏に茎の上部に白色の花が輪生状に数段に分かれてつく。花は両性花と雄花が混じり、両性花では雄しべより雌しべが長く、雄花では雄しべが目立ち、雌しべは退化している。果実は青黒色に熟し表面に光沢があり、乾いても裂けないため長い間残っている。種《たね》は灰色で砂粒ほどの大きさ。いろいろな形があり、中心に針でついたようなくぼみがある。葉の形がミョウガに似て藪に生えるのでこの名がついた。葉を揉《も》んで香りを嗅いでもミョウガの葉のような香りはない。どちらかわからないときは臭いで見分けるとよい。

◇分布　本州（関東以西）～九州、中国
◇よく見る場所　公園の日陰地・林の中
◇花・果実の時期　8～9月

ツユクサ　一年草。茎は高さ20-50cm。葉は互生、長さ5-8cm幅1-2.5cm。花弁は3個、うち上側の2個は径1cmほど。種子は長さ7-8mm。写真：右＝花時、左＝種

ツユクサ

露草／別名ボウシバナ・ウツシグサ・ホタルグサ
ツユクサ科
Commelina communis

野原、公園、道端などに普通に生える。茎は地面を這《は》い、節から根を出して殖える。蕾《つぼみ》は2つ折りになった編笠のような苞葉《ほうよう》の中に数個あって、1個ずつ順に開く。雄しべ6本のうち長い2本は花粉があるが、鮮やかな黄色の4本は花粉がない。花は早朝に開き、午後に閉じる。花が閉じ始めると雄しべと雌しべがくるくると内側に巻き、最後に花弁も内側に丸まり自家受粉する。果実が熟すと2つに割れて種《たね》は苞の中にこぼれる。古くは花を摺り染めに用いたので着草《つきくさ》と呼ばれた。友禅の下絵描きには変種のオオボウシバナの花の汁が使われる。苞葉の形からボウシバナとも呼ぶ。全草を乾燥したものを生薬とする。

◇分布　北海道～沖縄、朝鮮、中国、樺太、ウスリー
◇よく見る場所　道端・公園・林の下
◇花・果実の時期　7～9月

ムラサキツユクサ　多年草。茎は高さ20-65㎝。葉は長さ30-45㎝幅0.5-4.5㎝。花は径2-2.5㎝。写真：左＝花

トキワツユクサ　常緑多年草。葉は長さ3-5㎝幅2㎝ほど。花は径1.5㎝ほど。写真：右＝花時

トキワツユクサとムラサキツユクサ

常磐露草／別名ノハカタカラクサ、紫露草
ツユクサ科　トキワツユクサ *Tradescantia fluminensis*
ムラサキツユクサ *T. ohiensis*

トキワツユクサは昭和初めに観賞用に導入され、神奈川県など、関東以南の各地に広がった。茎は長く伸びて地面に接するものは節から根を出す。葉は厚みがあり、全体にツユクサに似て黒みを帯びた濃緑色。葉に白い縦縞が入るものはシロフハカタカラクサという。

ムラサキツユクサは明治時代初めに観賞用として入った。葉は線形で厚みがあり、つけ根の下の方は鞘《さや》状になり、長い毛がある。よく似たオオムラサキツユクサは葉の幅が広くて中央の脈のところではっきりした折れ目がある。両方とも生物学の実験材料に使われるほか、利尿薬として利用される。

◇**由来**　トキワツユクサは南アメリカ原産、ムラサキツユクサは北アメリカ原産
◇**よく見る場所**　庭・人家のまわり
◇**花・果実の時期**　5〜6月

クサイ　多年草。茎は高さ30-50㎝。葉は線形、幅1㎜ほど。花被片は長さ4㎜ほど。果実の長さは花被片とほぼ同じ。写真：右＝草姿、左＝花時

クサイ

草藺／別名シラネイ
イグサ科
Juncus tenuis

人里の道端、空き地、公園などの湿り気のあるところに群生する多年草。種《たね》に粘り気があり、靴底や車輪につくため、山道でも見られる。葉は茎の下の方に互生し、基部は鞘《さや》状。茎の上の方に細い苞葉《ほうよう》がつく。花は花被片6、雄しべ6、雌しべ1。花被片は淡緑色で縁は白い膜質。雌しべの花柱は3つに裂け、淡紅色でふさふさした毛があり、花粉を受けやすくなっている。果実は熟すと縦に3つに裂け、多数の種を散らす。和名は草のように葉を持つイグサという意味。イグサは葉が鱗片《りんぺん》状に変わり、苞葉は花の上の方に直立するため、茎の途中に花がつくように見える。

◇分布　北海道〜九州、中国〜ヨーロッパ、南北アメリカ、オーストラリア
◇よく見る場所　道端・空き地・公園
◇花・果実の時期　6〜9月

スズメノヤリ 多年草。茎は高さ10-30㎝。葉は線形～広線形、幅2-6㎜。花被片は長さ2.5-3㎜。果実は花被片とほぼ同じ長さ。種子は長さ1㎜ほど。写真：右上＝雄しべ時、右下＝雌しべ時、左＝草姿

スズメノヤリ

雀の槍／別名スズメノヒエ・シバイモ
イグサ科
Luzula capitata

日当たりのよい草地にごく普通に生える多年草。根もとから生える葉は縁に白色の長い毛があり、葉の先端は堅く黒褐色になる。茎の上にも3枚前後の葉がある。花は初め雌しべの白い先が伸び出て、雌しべが終わる頃に雄しべが生長して黄色の葯《やく》から花粉を出す。自家受粉を避けるひとつの方法である。果実はやや丸く、熟すと黒褐色になり、裂けて3個の種《たね》が出る。種の先に種枕《しゅちん》あるいはエライオソームと呼ぶ大きな白いかたまりがあり、これはアリにとって栄養のある食べ物。巣に運び、種枕だけ取って種子は捨てられ、植物は生育範囲を広げる。和名は頭花の形を大名行列の毛槍に見立てたことによる。

◇**分布**　北海道～沖縄、中国～シベリア東部
◇**よく見る場所**　草地・土手
◇**花・果実の時期**　4～5月

ユメノシマガヤツリ　多年草。茎は高さ20-70㎝。葉は線形、長さ10-50㎝幅5㎜ほど。花穂は径1.5-2.5㎝。果実は長さ1.5㎜。写真：左＝草姿

ハマスゲ　多年草。茎は高さ20-40㎝。葉は線形幅2-6㎜。花序は長さ5-10㎝。花穂は長さ3-5㎝。果実は長さ0.8㎜ほど。写真：右＝草姿

ハマスゲとユメノシマガヤツリ

浜菅／別名クグ・コウブシ、夢の島蚊帳釣
カヤツリグサ科　ハマスゲ *Cyperus rotundus*、
ユメノシマガヤツリ *C. congestus*

ハマスゲは歩道の縁石のすき間やコンクリートの割れ目など、過酷な場所にも生えてたくましい。細く長い茎を横に伸ばし、先に小さな芋状の塊茎をつくって殖える。茎は細くて堅い。小穂は濃い赤褐色。小花の鱗片《りんぺん》も濃い赤褐色。白い雌しべの柱頭が鱗片の間から伸び出て目立つ。塊茎を干したものは「香附《こうぶ》子《し》」と呼び漢方の風邪薬に配合される。

ユメノシマガヤツリは、一九八二年に東京湾の埋立地、夢の島で見つかった。東京湾の埋立地のほか、荒川、多摩川などの砂地の湿地に見られる。花穂のもとに長い葉のような細い苞が3〜4個ある。

◇**分布**　ハマスゲは本州〜沖縄、世界の熱帯〜亜熱帯、ユメノシマガヤツリはアフリカ南部〜オーストラリア
◇**よく見る場所**　海岸の砂地・河川敷・空き地・道端
◇**花・果実の時期**　7〜10月

フトイ　多年草。茎は高さ1-2m。花序は1-3個の小穂があり、小穂は長さ5-10㎜。果実は長さ2㎜ほど。写真：左＝草姿

サンカクイ　多年草。茎は高さ0.5-1m。花序は4-5個の小穂があり、小穂は長さ7-12㎜。果実は長さ2-2.5㎜。写真：右＝花時

サンカクイとフトイ

三角藺／別名サンカクスゲ、太藺／別名オオイ・マルスゲ
カヤツリグサ科　サンカクイ *Scirpus triqueter*、フトイ *S. tabernaemontani*

サンカクイは池や沼の水辺に群生する多年草。茎の断面は三角形で、中にすき間の多い白い髄《ずい》がある。小穂は茶褐色の鱗片《りんぺん》が多数重なり、それぞれの鱗片の内側に1個の花があり、開くと先が2つに裂けた雌しべが外に出る。花柄が出ているところが茎の頂きで、その上にある茎は苞葉《ほうよう》。

フトイは池や沼の水の中に群生し、2m近くにもなる。大きい公園の池などに観賞とビオトープを兼ねて栽培されている。茎は太くなめらかで柔らかい。切り口は丸く、白い髄があり、縦に切るとしきりがある。茎の先の方についた枝に小穂がつく。

◇**分布**　日本全土、サンカクイは東アジア～インド、ヨーロッパ、フトイは朝鮮、樺太～ヨーロッパ

◇**よく見る場所**　池や沼

◇**花・果実の時期**　7～10月

カモガヤ　多年草。茎は高さ0.4-1.2m。葉は線形長さ10-40㎝幅0.3-1.4㎝。花序は長さ10-25㎝。写真：左＝花序

コバンソウ　一年草。高さ10-60㎝。葉は長さ5-25㎝幅1-8㎜。花序は3-10㎝、小穂は2.2-1.5㎝幅1㎝ほど。写真：右＝草姿

コバンソウとカモガヤ

小判草／別名タワラムギ、鴨茅／別名オーチャードグラス

イネ科

コバンソウ*Briza maxima*、カモガヤ*Dactylis glomerata*

コバンソウは明治時代の初めに観賞用として入り、庭などで栽培されたものが野生化している。特に海岸に近い砂地などにしばしば大群生している。小穂は初め黄緑色だが熟すと鮮やかな黄褐色になり、やや光沢がある。仲間のヒメコバンソウは小穂の長さ、幅とも約4㎜、卵形の三角形でかなり小型である。

カモガヤは江戸時代末頃に入ったといわれ、明治時代にアメリカから牧草として再度入り栽培された。牧草名はオーチャードグラス。道路法面《のりめん》の緑化などに利用され全国に野生化している。花粉症の原因とされる。根もとから多数の茎を伸ばし大きな株をつくる。

◇由来　コバンソウはヨーロッパ原産、カモガヤはヨーロッパ・西アジア原産、本州〜九州に見られる

◇よく見る場所　道端・空き地・河川敷

◇花・果実の時期　5〜7月、カモガヤは7〜8月

ネズミムギ　一～二年草。高さ40-60㎝。葉は線形長さ6-25㎝幅5-10㎜。花穂は長さ10-30㎝、小穂は長さ2-2.5㎝、芒は長さ1㎝ほど。写真：右上＝ホソムギの小穂、右下＝ネズミムギの小穂、左＝同じく花穂

ネズミムギ

鼠麦／別名イタリアンライグラス
イネ科
Lolium multiflorum

明治初期に牧草として日本に入ったという。その後各地に野生化している。日当たりのよいところに生え、空き地などに群生していると、離れた場所からもネズミムギかホソムギか見当がつくほどほっそりとして爽やかな感じ。葉の基部の両端は三日月形に突き出る。小穂は扁平で、茎にやや平行に交互に並ぶ。小花の一番外側にある穎《えい》に長い芒《のぎ》がある。ときに混生しているホソムギは多年草で小花の一番外側にある穎に芒はない。両種の交雑種はネズミホソムギと呼ばれ、小穂に芒があるものとないものが混ざる点がポイントだが、種子に発芽能力があるため、さらに交雑を重ねていろいろな形になり区別はむずかしい。

◇由来　ヨーロッパ～アフリカ北西部原産、日本全土に見られる
◇よく見る場所　道端・空き地・線路脇・河川敷
◇花・果実の時期　夏

スズメノカタビラ　一～二年草。茎は高さ10-30㎝。葉は長さ4-10㎝幅1.5-3㎜。花穂は長さ4-5㎜、小穂は長さ3-5㎜。写真：右＝草姿、左下＝花穂

スズメノカタビラ

雀の帷子／別名ニラミグサ・イチゴツナギ
イネ科
Poa annua

庭、道端、空き地、河川敷、公園など人家周辺に普通に生える小型の一～二年草。日当たりのよい場所を好み、ゴルフ場の芝生に生えると草取りがむずかしく雑草として嫌われる。早春から花が咲き始めるが、ブロック塀や建物の下の日溜まりでは冬でも花をつけている。茎は平たい。葉舌は膜質で半円形、長さ3～6㎜。葉は柔らかく、先の方は上面がややへこんで軽く折れた形になる。小穂は淡緑色、ときには一部が紅紫色に染まる。和名の雀の帷子《かたびら》のスズメは小さいことを表し、帷子は単衣の着物の意味。茎の節から根を出して短く地面を這《は》うツルスズメノカタビラといわれる変種がところどころに生えている。

◇**分布**　北海道～沖縄、旧世界に広く分布
◇**よく見る場所**　庭・道端・空き地・河川敷・公園
◇**花・果実の時期**　3～11月

スズメノテッポウ　一～二年草。高さ20-40㎝。葉は長さ5-15㎝幅1.5-4㎜。花穂は長さ3-8㎝幅2-4㎜、小穂は長さ3-3.5㎜、芒は長さ3㎜ほど。写真：草姿

スズメノテッポウ

雀鉄砲／別名スズメノマクラ・ヤリクサ・スズメノヤリ
イネ科
Alopecurus aequalis

春に耕す前の水田に群生し、田起こしで土にすき込まれて肥料になる。都会では公園の日当たりよく湿り気のある場所にときどき生えている。水田の土が運ばれて来たのだろうと推理するのも植物観察の楽しみのひとつ。葉舌は約4㎜で目立つ。花穂は円柱形で淡緑色、多数の小穂がすき間なく密につく。小穂の基部にある苞葉《ほうよう》の中央脈上に長い毛がある。小花は小穂に1個ずつつき外側の苞葉に短い芒《のぎ》がある。雄しべの葯《やく》は黄色～黄褐色。葯が白色のセトガヤとの決定的な区別点。和名、別名とも細長い円柱形の花穂を鉄砲、枕、槍などに見立てたもの。穂を引き抜いたあとの葉鞘を草笛にしピーピー吹き鳴らして遊ぶ。

◇分布　北海道～九州、北半球の温帯
◇よく見る場所　公園の草地
◇花・果実の時期　4～6月

カラスムギ　一〜二年草。高さ50-90㎝。葉は線形、長さ10-25㎝幅0.7-1.3㎝。花穂は長さ20-40㎝、小穂は長さ6-10㎜。葯は長さ1㎜ほど。写真：花穂

カラスムギ

烏麦／別名チャヒキグサ・スズメムギ
イネ科
Avena fatua

古い時代に麦と一緒に日本に入ったといわれる。日当たりのよいところに生え、茎は高さ1m近く。葉舌は長くて目立つ。淡緑色の多数の小穂がまばらに垂れ下がってつく。小穂は2㎜以上と大きく普通は小花が3個あるがまれに2個もある。一番外側の穎《えい》に長い芒《のぎ》があり、芒は途中でねじれてやや曲がる。果実は熟すとすぐに落ちる。和名は食用にならないことから。ときによく似たマカラスムギが道端や空き地に見られる。こちらは小穂は小花が2個あり、2個とも芒がないかまたは1個だけ芒を持ち、芒は途中でねじれず果実はなかなか落ちない。食用のオートミールをつくるほか飼料にされる。

◇**分布**　ヨーロッパ・西アジア原産、日本全土に見られる
◇**よく見る場所**　道端・畑のまわり・荒れ地
◇**花・果実の時期**　8〜10月

カナリークサヨシ　一年草。高さ0.4-1m。葉は長さ5-40㎝幅0.4-1.3㎝。花穂は長さ1.5-5.5㎝、小穂は長さ6-8㎜幅4.5-6㎜。写真：花時

カナリークサヨシ

別名カナリアクサヨシ・ヤリクサヨシ
イネ科
Phalaris canariensis

カナリア諸島、北アフリカ、地中海沿岸原産の一年草。江戸末期にカナリアの餌として日本に入り、現在もカナリアなど小鳥の餌にされるほか、牧草やドライフラワーの材料用に栽培もされている。餌の残りを捨てたものや栽培地から出たものが野生化している。花は5〜8月に咲くが、地味で目立たない。花穂はふっくらとした長楕円形で、白緑色の小穂を多数密につける。苞穎《ほうえい》には濃い緑色の筋が入り、中脈は翼状になって張り出す。中に1個の小花が包まれるように入っている。白と濃い緑のコントラストが美しく部屋飾りによい。和名は英名のカナリーグラスから。

◇**由来**　カナリア諸島・北アフリカ・地中海地方原産、日本全土に見られる
◇**よく見る場所**　道端・空き地
◇**花・果実の時期**　5〜8月

カニツリグサ　多年草。高さ40-80㎝。葉は長さ10-20㎝幅3-5㎜。花序は長さ10-20㎝、小穂は長さ6-8㎜、芒は長さ0.6-1㎝。写真：花穂

カニツリグサ

蟹釣草
イネ科
Trisetum bifidum

平地の草原、道端、公園の縁などのやや湿り気のあるところに普通に生える多年草。茎は柔らかい毛が生える。葉は茎の下の方に多くつき、両面に毛があるが上方の葉の裏は毛がない。小穂には3～4個の小花がつき、熟すと淡黄褐色でやや光沢がある。いちばん外側にある穎《えい》は先端が深く2つに裂けてその間から長い芒《のぎ》が出て、後にイナバウアーのように下向きに反り返るのが特徴。和名は花穂でカニを釣る子どもの遊びによる。この花の時期に高尾山麓の沢ぞいの道を歩いたときサワガニが道に出てきた。仲間とともに茎を持って花穂をカニの前に置くとカニはしっかりと花穂をつかみ、案外簡単に釣れた。

◇分布　本州～九州、朝鮮、中国
◇よく見る場所　道端・公園の縁・草原
◇花・果実の時期　5～6月

アシ　多年草。高さ1-3m。葉は線形、長さ20-50㎝幅2-4㎝。花穂は長さ15-40㎝、小穂は長さ1-1.7㎝で、2-4個の小花がつく。写真：草姿

アシ

葦・蘆・葭／別名ヨシ・ハマオギ
イネ科
Phragmites communis

太い根茎が地中に長く伸びて這《は》いまわり水湿地に大群落をつくる大型の多年草。小穂は淡紫色に染まり、上方の小花の柄には長い毛が多くある。和名は一説に、桿《はし》の転訛という。「ヨシ」はアシが「悪し」に通じるとして反対語を用いたという。豊芦原瑞穂国《とよあしはらみずほのくに》とあるようにかつては日本全土に群生していたのであろう。茎から「すのこ」や「すだれ」をつくる。関東の産地ではよい材料をとるために春先に行う野焼きが風物詩になっている。干した根茎を蘆根《ろこん》と呼び漢方薬とされる。春先のたけのこ状の新芽は山菜になる。よく似たツルヨシは河岸に生え、茎の下の方から長い走出枝を出して地上を這《は》いまわる。

◇分布　北海道〜沖縄、世界の暖帯〜亜寒帯
◇よく見る場所　池・沼・河岸の湿地
◇花・果実の時期　8〜10月

イヌムギ　二～多年草。高さ0.4-1m。葉は広線形、長さ20-30㎝幅0.4-1㎝。花穂は長さ10-25㎝、小穂は長さ0.4-1㎝。芒はごく短い。写真：左＝花穂

カモジグサ　多年草。高さ0.5-1m。葉は線形、長さ18-25㎝幅0.6-1㎝。花穂は長さ15-25㎝、小穂は長さ1.5-2.5㎝。芒は長さ2-3㎝。写真：右＝花穂

カモジグサとイヌムギ

髢草／別名カツラグサ・カラスムギ、犬麦
イネ科　カモジグサ *Elymus tsukushiense* var. *transiens*、イヌムギ *Bromus catharticus*

カモジグサは茎や葉がやや青みを帯び葉舌はごく短い。小穂は普通緑白色で芒《のぎ》は紫色を帯び花穂全体が紫色に見える。小穂につく小花には最外側の穎《えい》に直立する長い芒がある。芒を持って外側に軽く引くと内側に同じ長さの穎が見える。アオカモジグサはいちばん外側の穎に長い毛があり、芒は普通淡緑色、内穎は外側の穎より短い。和名の髢草は若葉を丸めて人形の髢《かもじ》にして遊んだことによる。

イヌムギは開花する株と閉鎖花ばかりの株があり、開花小花の葯《やく》の長さは3～5㎜、閉鎖花の葯は0.5㎜。よく似たヤクナガイヌムギは葯が4～5㎜と長く、花の外に垂れ下がる。

◇分布　カモジグサは日本全土、朝鮮、中国、イヌムギは南アメリカ原産、北海道～九州に見られる

◇よく見る場所　道端・空き地・河川敷・線路脇

◇花・果実の時期　5～7月、イヌムギは6～7月

カゼクサ　多年草。高さ30-80㎝。葉は線形、長さ30-40㎝幅2-6㎜。花穂は長さ20-40㎝、小穂は長さ0.6-1㎝。葯は長さ1㎜ほど。写真：右＝花穂、左＝草姿

カゼクサ

風草／別名ミチシバ・フウチソウ
イネ科
Eragrostis ferruginea

道端、空き地、河川敷、公園などの日当たりのよい乾いたところに群生する。茎は根もとから多数出て大きな株になり、根は深く地中に入り、強くてなかなか引き抜けない。葉が展開する前に茎の節にくびれができる。葉縁は乾くと内側に巻き、葉鞘《ようしょう》の縁に白く長い毛を密生する。円錐状の花穂に赤紫色に染まった小穂を多数つける。小穂は扁平で柄の途中に腺《せん》があり、5～10個の小花がつく。和名はかつては風知草《ふうちそう》をカゼクサとしていたことに由来する。別名は人に踏まれるようなところに生えるという意味。シナダレスズメガヤがよく似ている。こちらは、葉の幅が2㎜以下と細く、小穂の柄に腺がない。

◇**分布**　本州～九州、朝鮮、中国、ヒマラヤ
◇**よく見る場所**　道端・空き地・河川敷・公園
◇**花・果実の時期**　8～10月

メヒシバ　一年草。高さ10-50㎝。葉は平らで長さ8-20㎝幅0.5-1.5㎝。花穂は長さ5-15㎝幅1㎜ほど。写真：左＝草姿

オヒシバ　一年草。高さ30-80㎝。葉は長さ15-30㎝幅3-7㎜。花序は2-6個、長さ7-15㎝幅3-4㎜。写真：右＝草姿

オヒシバとメヒシバ

雄日芝／別名オヒジワ・チカラグサ、雌日芝
イネ科
オヒシバ *Eleusine indica*、メヒシバ *Digitaria ciliaris*

道端、荒れ地、畑のまわり、駐車場の縁など日当たりのよいところに普通に生える一年草。人に踏まれるような場所にもよく生える。根もとで株立ちとなり、茎の上部で数本に枝分かれする。枝の片側に小穂が2列につく。和名は雌《め》日《ひ》芝《しば》に対して強健なため。日芝は夏の強い日差しの下で繁殖することによる。花茎を結んで両方から引っ張り合う相撲遊びで茎の強さは経験済み。メヒシバは、茎は地に伏して、節から根を出しながら這《は》いまわり、枝が立ち上がる。花序の枝の縁に微細な鋸歯があり、ざらつく。踏みつけの少ない場所に生育する。よく似たアキメヒシバ、コメヒシバはざらつかないなどの違いがある。

◇**分布**　本州〜沖縄、世界の熱帯〜暖帯に広く分布
◇**よく見る場所**　道端・荒れ地・畑地・空き地
◇**花・果実の時期**　8〜10月

ネズミノオ　多年草。高さ40-80㎝。葉は長さ30-70㎝幅2-5㎜。花穂は長さ15-40㎝幅0.5-10㎜、小穂は長さ2.2-2.5㎜。写真：左＝草姿

シマスズメノヒエ　多年草。高さ0.8-1m。葉は長さ10-30㎝幅0.5-1.2㎜。花穂は長さ5-10㎝で、5-10個。小穂は長さ3-3.5㎜。写真：右＝花穂

シマスズメノヒエとネズミノオ

島雀の稗／別名ダリグラス、鼠尾
イネ科　シマスズメノヒエ *Paspalum dilatatum*
ネズミノオ *Sporobolus fertilis*

　シマスズメノヒエは戦後、緑化用に使われ急速に広がり現在も勢力を拡大中。葉は葉鞘の縁以外は無毛。小穂は先がとがり縁に長毛がある。柱頭や雄しべの葯《やく》は濃紫色で黒い虫がつたよう。よく似たキシュウスズメノヒエは湿地や水路に生える。在来種のスズメノヒエは小穂の先はあまりとがらず、ほとんど無毛。柱頭は黒紫色で雄しべの葯は黄色。

　ネズミノオは踏みつけに強い多年草。葉が細く、乾燥すると内側に巻くのでさらに細く見える。小穂は灰色っぽい淡緑色、これを鼠の尾に見立て名がつけられた。ムラサキネズミノオの小穂は赤褐色で花穂が少し曲がる。

◇**由来**　シマスズメノヒエは南アメリカ原産、ネズミノオは本州～沖縄、中国、インド～オーストラリアに分布
◇**よく見る場所**　道端・空き地・河川の土手
◇**花・果実の時期**　8～10月、ネズミノオは9～10月

シバ　多年草。高さ10-20㎝。葉は長さ5-10㎝幅2-5㎜。花穂は長さ3-5㎝幅4-5㎜。小穂は長さ3㎜ほど。写真：左＝草姿

チカラシバ　多年草。高さ30-80㎝。葉は線形、長さ30-60㎝幅5-8㎜。花穂は長さ10-15㎝径4-5㎝、小穂は長さ7㎜ほど。写真：右＝草姿

シバとチカラシバ

芝／別名シバクサ、力芝／別名ミチシバ
イネ科　シバ *Zoysia japonica*、チカラシバ *Pennisetum alopecuroides*

シバはノシバと呼ばれ庭や公園などに植えられる。茎は地面を長く這《は》いよく枝を分ける。葉はやや堅く、根もとに近い部分に毛がある。花茎は高さ10〜20㎝。花は雌しべが先に成熟し苞穎《ほうえい》の外に出て、雄しべが熟する頃はしなびて自家受粉を避けることになる。

チカラシバは花穂の剛毛が普通は黒紫色だがまれに淡緑色のアオチカラシバがある。剛毛には刺《とげ》があり衣服などについて種《たね》が運ばれる。和名は茎が強く力を入れてもなかなか引き抜けないから。草花遊びでは、花穂を指で挟んでハリネズミのように見せたり茎を引っ張り合ったりすると子どもたちの目が輝く。

◇分布　シバは日本全土、朝鮮、中国、チカラシバは北海道西南部〜沖縄、東アジア、インドネシア
◇よく見る場所　道端・草地、シバは庭・公園
◇花・果実の時期　5〜6月、チカラシバは8〜11月

エノコログサ　一年草。高さ20-70㎝。葉は長さ10-20㎝幅0.5-1.3㎝。花穂は長さ2-5㎝径8㎜ほど。中軸の毛は長さ6-8㎜。写真：右上＝エノコログサ、右下＝ムラサキエノコロ、左＝アキノエノコログサ

エノコログサ

狗尾草・狗児草／別名ネコジャラシ・エノコグサ
イネ科
Setaria viridis

荒れ地、道端、畑などいたるところに生え、誰もが知っていると思うほど親しまれている植物。和名は穂の形が子犬の尾に似ているところから。英名はフォックステイル・グラスで、キツネの尾に見立てたところはよく似ている。ネコジャラシの別名のように、猫の目の前で動かすとよくじゃれついてくる。円柱状の花序は直立し、多数の小穂がすき間なくつく。小穂の下に緑色の長い剛毛が生えている。一見芒《のぎ》のように見えるが、芒ではない。剛毛が紫色のものはムラサキエノコロと呼ばれる。エノコログサより多く見られるアキノエノコログサは茎の高さが1mほどになり、花序の先は垂れ下がる。

◇分布　日本全土、世界の温帯に広く分布
◇よく見る場所　道端・畑地・荒れ地・草地
◇花・果実の時期　8～11月

メリケンカルカヤ　多年草。高さ50-80㎝。各節に有柄の小穂と無柄の小穂が対になってつく。有柄小穂には長さ8㎜ほどの毛がある。無柄小穂には両性花があって結実する。写真：草姿

メリケンカルカヤ

米利堅刈萱
イネ科
Andropogon virginicus

戦後、都市部を中心に広がり、線路脇、道路の法面《のりめん》や幹線道路の緑地帯、造成地、公園の縁などの日当たりのよいところに群生している。近年、造成地が増えたせいで、驚くほどの勢いで繁殖している。しっかり根を張るため一度生えると、草取りはむずかしい。根もとから数本の茎が立ち上がる。秋に白い毛がある花序に多数の小穂が出て、無柄小穂には両性花がつき結実する。長い毛は種《たね》を風に飛ばす役目をする。果実が熟すと全体が赤褐色になる。独特の色と逆光に映える白い長毛は遠くにあってもメリケンカルカヤとわかるほど。ドライフラワーにしてほかの花と一緒に挿すと高級な感じになるのでお勧め。

◇**由来**　北アメリカ原産、本州〜九州に見られる
◇**よく見る場所**　公園の縁・緑地帯・線路脇・道端
◇**花・果実の時期**　秋

チガヤ　多年草。高さ30-80㎝。葉は線形、長さ20-50㎝幅7-12㎜。花穂は長さ10-20㎝幅1㎝ほど。小穂は長さ4㎜ほど。写真：果実時

チガヤ

茅・茅萱・白茅／別名チ・ツバナ
イネ科
Imperata cylindrica

日当たりのよい草原や河原、ときに住宅地の空き地などに群生する多年草。群がって生えるので、千の萱の意味でチガヤと呼ばれるようになったという。小穂の基部に長い絹毛が密生し小穂が見えないほどだが、よく見ると、赤紫色の雌しべの柱頭と雄しべの葯《やく》が外に出ているのがわかる。チガヤの若い花序はツバナ（茅花）と呼ばれ、噛むと甘味がある。万葉集にもそれが詠まれて、江戸時代にはツバナ売りがいたという。今は五感を働かせる観察や遊びで食べたりする程度だが、古くから親しまれてきた植物のひとつ。根茎も甘味があり、漢方では茅根《ぼうこん》と呼び、むくみをとる利尿薬や止血薬として用いられる。

◇**分布**　北海道～九州、旧世界の暖帯
◇**よく見る場所**　草原・河原・空き地
◇**花・果実の時期**　4～6月

ススキ　多年草。高さ1-2m。葉は線形、長さ50-80㎝幅0.7-2㎝。花穂は長さ20-30㎝、小穂は長さ5-7㎜、芒がある。写真：草姿

ススキ

薄・芒／別名オバナ・カヤ
イネ科
Miscanthus sinensis

尾花の名で秋の七草に詠まれ、中秋の名月に団子と一緒に供えられる。植物に興味がなくても、ススキを知らない人はいないだろう。山、野原、街中の空き地など日当たりのよい場所に普通に生える。種子は軽く、風に乗って運ばれて崩壊地などに最初に根づく。縄文時代から屋根葺きに使われ、昔は各所によく手入れされた群生地があったが、最近では観光用に維持管理しているところがほとんど。葉の縁にあるごく小さな鋸歯《きょし》は簡単に皮膚が切れるほど鋭く、用心していても必ず小さな切り傷ができている。よく似たオギは河川敷など湿地に群生し小穂に芒《のぎ》はない。ススキの小穂には途中で折れ曲がった長い芒がある。

◇分布　日本全土、朝鮮、中国
◇よく見る場所　道端・空き地・草地・河川敷
◇花・果実の時期　8～10月

ケチヂミザサ　多年草。高さ10-30㎝。葉は互生、長さ3-7㎝幅1-1.3㎝。花穂は長さ5-15㎝、小穂は長さ3㎜ほど。写真：花時

ケチヂミザサ

毛縮笹
イネ科
Oplismenus undulatifolius f. *undulatifolius*

山野の林の中や縁、道端などの日陰に生える一年草。茎は長く這《は》う。葉はササに似た形で縁は縮んで波打つ。この形が和名のもとになった。全体に開出毛が多い。花穂はまっすぐ立ち、ごく短い枝が6〜10個出て、そこに小穂がつく。小穂には5個の穎《えい》があり剛毛がついて長さが不揃いの太い芒《のぎ》がある。秋の終わり頃になると、穎の芒から粘液が出て、この粘液で種《たね》が動物などにくっついて運ばれる。逆光に光る粘液はなかなか美しいが、衣服につくとべたつき、種を取り除く手もべたつき厄介な思いをする。葉や花軸にほとんど毛がないものはチヂミザサと呼ばれ、こちらも普通に見られる。

◇**分布**　北海道〜九州、旧世界の亜熱帯〜温帯
◇**よく見る場所**　道端・林の中や縁
◇**花・果実の時期**　8〜10月

ジュズダマ　多年草。高さ0.8-1m。葉は広線形、長さ20-60㎝幅2-4㎝。小穂は雌雄があり、雌小穂は長さ1㎝ほどの苞に包まれ、苞から抜き出た軸に雄小穂がつく。写真：右＝花時、左＝果実時

ジュズダマ

数珠玉／別名トウムギ・ツシダマ・タマズシ
イネ科
Coix lacryma-jobi

熱帯アジア原産といわれ、古い時代に日本に入ったと考えられている。茎の上部の葉《よう》鞘《しょう》から数本の枝を出し、先に壺形の苞葉《ほうよう》がつく。雌性の小穂は壺形の苞葉の中にあり白い柱頭だけが外に出る。雄性の小穂は苞葉から細い柄で抜け出して外にぶら下がる。花は地味で目立たないが、ルーペで見ると別の世界を見るよう。苞葉は果期に堅くなり、黒褐色、淡灰青色、灰白色などに色づき陶器のような光沢がある。これをつないで数珠にしたことが和名のもと。草花遊びの材料として人気がある。よく似たハトムギはジュズダマの栽培種と考えられており、壺形の苞鞘は柔らかく、指で押すと簡単に中の果実が出る。

◇**由来**　熱帯アジア原産
◇**よく見る場所**　水辺
◇**花・果実の時期**　7〜10月

コガマ　多年草。茎は高さ1-1.5m。葉は線形、長さ1-1.5m幅5-6㎜。雌雄同株。雄花の穂は長さ3-10㎝、雌花の穂は長さ6-12㎝。写真：右＝ヒメガマ、左＝コガマ

コガマ

小蒲
ガマ科
Thypha orientalis

川の水辺、池、沼などに群生する多年草。ガマ科はガマ属だけで、日本にはガマ、コガマ、ヒメガマの3種がある。茎の先に雄花の穂がつき、その下に雌花の穂がつく。雄花、雌花とも基部に長い毛があって雄花は驚くほど大量の花粉を出す。漢方ではこの花粉を蒲《ほ》黄《おう》と呼び止血剤とする。古代から使われたことが『古事記』の因幡白兎《いなばのしろうさぎ》の話に残る。円柱状の「ガマの穂」を子どもたちはソーセージと呼び喜ぶ。ヒメガマは雄花の穂と雌花の穂の間が離れている。ガマは全体に大型だが、コガマと見分けがつかないことがある。顕微鏡で見るとガマの花粉は4個ずつくっついているがコガマの花粉は1個ずつ離れている。

◇分布　本州〜九州、東アジアの熱帯〜温帯
◇よく見る場所　池・沼・河岸の水辺
◇花・果実の時期　7〜8月

ホテイアオイ　多年草。茎は高さ10-80㎝、ときに1m。葉は長さ5-20㎝幅5-18㎝。花穂は長さ12-15㎝。花は径3㎝ほど。種子は長さ1㎜ほど。写真：上＝花時、左下＝葉柄の基部のふくらみ

ホテイアオイ

布袋葵／別名ホテイソウ・ウォーターヒヤシンス
ミズアオイ科
Eichhornia crassipes

明治時代に観賞用として日本に入り、金魚の水槽や庭の池などで栽培されるほか、各地に繁殖し、暖地では水面を覆うほど殖えすぎて害草になるが、水質浄化などに利用する研究も進んでいる。茎は長く伸びて小株をつくり殖える。金魚の水槽など栄養分の少ないところだと高さ10㎝くらいだが、栄養分の多い河川などでは1mほどの高さになることがある。葉に光沢があり、柄は丸くふくれて中に多くの空気を含み浮き袋の役目をする。花は一日で全部開いて次の日には花茎のもとから曲がって全体が水中に沈む。日本ではほとんど種子はできない。和名は葉の茎がふくらんだ形を七福神の布袋の腹に見立てたもの。

◇**由来**　熱帯アメリカ原産、本州～沖縄に見られる
◇**よく見る場所**　ため池・河川・水路・沼
◇**花・果実の時期**　6～11月

ヤブラン　多年草。葉は線形、長さ30-50㎝幅0.8-1.2㎝。花茎は高さ30-50㎝、花は小さく花被片の長さは4㎜ほど。種子は径6-7㎜。写真：花時

ヤブラン

藪蘭

ユリ科

Liriope platyphylla

林の中の木陰に生える常緑多年草。シュンランに似た葉が根もとから多数出て大きな株になる。庭や公園にグランドカバーとしてよく植えられていて普通に見られる。葉に白い斑が入るものも多く見かける。夏の終わりから秋、株の中から多数の花茎を伸ばし、淡紫色の小さな花が数個ずつかたまってつき、長さ10㎝前後の穂になる。晩秋から冬に見られる光沢のある黒い種《たね》は果実のように見える。種子がむきだしになって成熟するのはヤブラン属とジャノヒゲ属の特徴。根の太い部分を乾燥したものを大葉麦門冬《おおばばくもんとう》と呼び、ジャノヒゲの根を乾燥した麦門冬の代用として、滋養、強壮、鎮咳薬に用いる。

◇**分布**　本州～沖縄、朝鮮、中国

◇**よく見る場所**　庭・公園

◇**花・果実の時期**　8～10月、果実は晩秋～冬に熟す

ジャノヒゲ　多年草。葉は根生、長さ10-20㎝幅2-3㎜。花茎は高さ7-12㎝、花被片は長さ4㎜ほど。種子は径7㎜ほど。写真：右上＝オオバジャノヒゲ、右下＝ジャノヒゲ花時、左＝果実

ジャノヒゲ

蛇鬚／別名リュウノヒゲ・ハズミダマ

ユリ科

Ophiopogon japonicus

山野の林内や縁に生える常緑の多年草。庭や公園の下草として植えるほか、最近はサクラの根もとが踏み固められるのを防ぐために植えられている。地下茎を長く伸ばして殖え群生する。地下茎の一部が太く大きくなったものを麦門冬《ばくもんとう》と呼び、滋養・強壮薬として利用する。夏に葉の下に白色あるいは淡紫色の小さな花が下向きにつく。種子は球形で、熟すと藍色になり、表面に艶があり目立つ。観賞されるのは花より種子のようである。種子はよく弾むので、「はずみだま」と呼んで子どもの遊びに使われる。和名は細い葉を蛇や竜のひげにたとえたもの。花が葉より上に出るオオバジャノヒゲが似ている。

◇**分布**　北海道西南部～沖縄、朝鮮、中国

◇**よく見る場所**　庭・公園

◇**花・果実の時期**　7～8月

タイワンホトトギス　多年草。茎は高さ30-60㎝。葉は互生、長さ10-20㎝。花被片は長さ2.5㎝ほど、紅紫色の小さな斑点が多数ある。写真：花時

タイワンホトトギス

台湾杜鵑草
ユリ科
Tricyrtis formosana

台湾や西表島に自生する多年草。観賞用として庭や公園などに植えられ、都会で見られるものはほとんどタイワンホトトギスと思ってよいほどである。栽培品が逃げ出し人家付近に野生化している。秋によく枝分かれした柄の先に小型の花が上向きにつく。山地に自生するホトトギスとの交配による園芸品種も多くつくられている。ホトトギスは葉の腋《わき》に1～3個の花がつくのに対し、タイワンホトトギスは花茎が長く伸びてよく枝分かれした先に花をつけ、外花被片の基部に2個の丸いふくらみが目立つ点に違いがある。ホトトギスの仲間はどれも基部に丸いふくらみがあるが、タイワンホトトギスは特に目立つ。

◇分布　西表島、台湾
◇よく見る場所　庭・公園
◇花・果実の時期　9～10月

ノカンゾウ　多年草。葉は根生、線形で長さ50-70㎝幅1-1.5㎝。花茎は高さ50-70㎝で、10個ほどの花がつく。花被片は長さ7-8㎝。果実は普通は実らない。写真：花時

ノカンゾウ

野萱草／別名ミズスゲ
ユリ科
Hemerocallis fulva var. *longituba*

古い時代に中国から渡来したといわれる多年草。食用や薬用に栽培されたものが広がり、人家周辺の日当たりよく少し湿り気のある場所に野生化している。花は一重で黄橙色。ベニカンゾウと呼ばれる赤みが強い花もある。花は朝開き、夕方にしぼむ一日花で、ほとんど結実せず、根茎が分かれて殖える。和名は野に生える萱草の意味。萱草は忘憂草とも呼ばれる中国原産のホンカンゾウのことで、各地に栽培され、結実して種子ができる。忘憂草の名は若芽や金針菜を食べるとおいしくて憂いを忘れるという意味。ホンカンゾウは花被片の内側に八字形の紋があるが、ノカンゾウ、ヤブカンゾウにはない。

◇分布　本州～沖縄、中国
◇よく見る場所　人家のまわり
◇花・果実の時期　6～9月

ヤブカンゾウ　多年草。葉は根生、線形で長さ40-90㎝幅2-4㎝。花茎は高さ0.5-1m、花被片は長さ7㎝ほど。果実は普通は実らない。写真：花時

ヤブカンゾウ

藪萱草／別名ワスレグサ・オニカンゾウ

ユリ科

Hemerocallis fulva var. *kwanso*

河原や鉄道線路の土手、畑や民家のまわりなど日当たりのよい場所に生える多年草。古い時代に中国から渡来し、食用、薬用として栽培されていたものが野生化したと見られている。花は夏の盛りに咲く。花茎の先に赤橙色の花をつける。花は雄しべと雌しべが花弁状になった八重咲き。雄しべが残っている花もあるが、花粉は不完全で種子はできず、地下の根の分根によって殖える。属名はギリシア語で「1日の美」の意味で、その名のとおり、花は朝開き夕方にしぼむ一日花。開花寸前の蕾《つぼみ》を金針菜と呼び、蒸して乾燥させ山菜料理や解熱剤として用いる。若芽は根もとの白い部分に甘味がありおいしい山菜である。

◇**分布**　北海道〜九州、中国

◇**よく見る場所**　河原や線路脇の土手、人家のまわり

◇**花・果実の時期**　7〜8月

オオバギボウシ　多年草。葉は根生、長さ30-40㎝幅10-13㎝。花茎は高さ0.5-1m、花穂は長い。花筒は長さ4-5㎝。果実は長さ2.5-3.2㎝。写真：花時

オオバギボウシ

大葉擬宝珠／別名トウギボウシ
ユリ科
Hosta sieboldiana

山の草原や林の縁に生える大型の多年草。庭や公園などで観賞用に植えられている。葉はすべて根もとから出て、葉身の基部はハート形にへこむ。花は下から上へ咲きのぼり、花穂は長くなる。花冠《かかん》は淡紫色で内側に濃い紫色の線がない。果実は熟すと裂けて、炭色の種《たね》を散らす。和名は蕾《つぼみ》の形が橋の欄干《らんかん》や寺の屋根の飾りにつけるネギの花の形を擬した擬宝珠に似ることによる。春先の若葉はうるいという名で山菜となる。甘味のある茎は茹でてマヨネーズをつけて食べると美味。同じような場所に自生し、公園などによく植えられるコバギボウシは全体に小型で、花冠の内側に濃い紫色の線が目立つ。

◇**分布**　北海道西南部〜九州
◇**よく見る場所**　庭・公園・人家のまわり
◇**花・果実の時期**　6〜8月

キダチアロエ　多肉質の多年草。高さ1-2m。葉は密につき、長さ45-60㎝幅5㎝ほど。花は長さ4㎝ほど。写真：右＝花、左＝草姿

キダチアロエ

別名コダチアロエ・キダチロカイ
ユリ科
Aloe arborescens

南アフリカ原産で、暖地の日当たりのよい場所では大きく生長し、晩秋から冬に花盛りになる。花の蜜の量は多く、滴のように垂れることがある。大正初め頃から観賞用に栽培されるようになった。アロエの仲間の中では栽培が容易なため、最も普通に見られるが、霜に弱いので暖地以外では霜に当てないようにする。「医者いらず」と呼ばれて、軽い火傷のときゼリー状の葉肉を患部に貼りつけ、胃腸の調子が悪いときには葉の縁の刺《とげ》状の突起を取り除き、そのまま食べたり葉の汁を飲んだりと民間薬として利用され、食品や化粧品など用途は広い。葉の皮は強い苦味があるが、ゼリー状の部分はほとんど苦味がない。

◇由来　南アフリカ原産
◇よく見る場所　庭・公園
◇花・果実の時期　晩秋～冬

ハナニラ　多年草。葉は長さ10-20㎝。花茎は高さ15-20㎝、花は径5㎝ほど。写真：左＝花時

ニラ　多年草。葉は長さ30-40㎝幅3-4㎜。花茎は高さ50-80㎝、花房の小花は20-40個、花被片は長さ5-6㎜。果実は長さ5㎜ほど。写真：右＝花時

ニラとハナニラ

韮／別名コミラ・フタモジ、花韮／別名セイヨウアマナ
ユリ科　ニラ *Allium tuberosum*、
ハナニラ *Ipheion uniflorum*

ニラはアジアに広く分布して、日本の自生品は古い時代に大陸から入り栽培されていたものが野生化したともされる。河川の土手、草地など日当たりのよい場所に生える。地下の鱗茎《りんけい》が分かれて殖える。葉は各種食材に使われる馴染みの野菜。特有の臭気は健康によい成分で、強壮、強精効果があるという。果実は熟すと裂けて黒い種《たね》を落とす。

ハナニラ明治中頃に日本に入り、庭に植えられ、人家周辺に野生化している。アマナに似るので西洋甘菜《せいようあまな》ともいう。全体に有毒成分を含み、ニラと間違えて食べると下痢をする。野菜の花韮はニラの蕾《つぼみ》のこと。ニラの葉は立ち上がり、ハナニラは地に伏す形になる。

◇**分布**　本州～九州、中国～インド・パキスタン
ハナニラは南アメリカ原産
◇**よく見る場所**　草地・河原の土手、人家のまわり
◇**花・果実の時期**　8～9月、ハナニラは3～4月

アガパンサス　常緑の多年草。高さ40-80㎝。葉は長さ20-40㎝幅1.5㎝ほど。花は長さ3-4㎝、一つの花房に20-30個がつく。写真：右＝花、左＝草姿

アガパンサス

Agapanthus／別名ムラサキクンシラン・アフリカンリリー

ユリ科　*Agapanthus africanus*

アフリカ南部原産。暖地では常緑だが、気温の低い地域では冬は地上部は枯れる。明治中頃に観賞用として日本に入り、花や葉がクンシランに似ているので「紫《むらさき》君《くん》子《し》蘭《らん》」と名づけられた。花の中を見ると雌しべのもとに子房が見えず、横から見ると花弁の下に球がある。これが子房で、やがて果実になる。かたまりのような地下茎と太い根で水分と栄養分を蓄える。花の色は青紫のほか白色もある。果実は長い三角形。種子はよく発芽する。虫がつかず育てやすいので、広く栽培されるようになった。アガパンサスの名はギリシア語のアガペ（愛）とアントス（花）に由来し、「愛の花」の意味。英名はアフリカンリリー。

◇**由来**　アフリカ南部原産
◇**よく見る場所**　庭・公園の花壇
◇**花・果実の時期**　6～7月

カタクリ　地下に鱗茎を持つ多年草。葉は2個、長さ6-12㎝幅2.5-6.5㎝。花茎は高さ10-20㎝、花は1個、花弁の長さは4-5㎝。果実は長さ1-1.5㎝。写真：右＝花時、左＝花

カタクリ

片栗／別名カタカゴ・ブンダイユリ
ユリ科
Erythronium japonicum

日本全国の落葉広葉樹林下やスキー場などに見られる。葉が1枚の株が多く、表面に白っぽいまだら模様があるのを鹿の子に見立てた片葉鹿子が変化して堅香子の名が生まれたという。地中深くに長楕円形の鱗茎《りんけい》がある。鱗茎には良質のでんぷんがあり、これから採れるのが「片栗粉」。東北地方では餅をつくりカタコモチといって食べたという。鱗茎は甘煮やご飯に炊き込む。葉は茹でるとぬめりと甘みがあり美味。片栗粉はすり傷、湿疹、風邪など民間薬とされた。花弁は十分な日差しがないと後方に反り返らない。花に会いに行くときは晴天のお昼頃がおすすめ。市販品の片栗粉はジャガイモでんぷんでつくる。

◇分布　南千島・北海道～九州、朝鮮、中国、樺太
◇よく見る場所　庭・公園の花壇
◇花・果実の時期　4～6月

オニユリ　多年草。茎は高さ1-2m。葉は互生、長さ5-15㎝幅1-1.5㎝。花は2-20個ほどつき、花被片は長さ7-10㎝。果実は普通実らない。写真：右＝葉の基部のむかご、左＝花時

オニユリ

鬼百合／別名テンガイユリ（天蓋百合）
ユリ科
Lilium lancifolium

人里近くの山野に自生し、庭や公園などで観賞用に栽培される多年草。古い時代に鱗茎《りんけい》を食用にするために中国から入ったのではないかといわれる。地下の白い鱗茎は毎年鱗片の数が増えて大きくなる。茎はまっすぐ立ち、全面に暗紫色の斑点と、初めは白い毛がある。葉は深い緑色で厚みと艶があり柄はない。葉のもとに黒紫色の丸いむかごができ、これが落ちて発芽して殖える。花は夏、花被片は強く反り返り、内面に黒紫色の斑点がある。花粉の大きさが不揃いで結実しない。鱗茎に豊富なでんぷん質が含まれヤマユリ、コオニユリとともに食用や薬用とされる。和名はほかのユリ類に比べて大型なためという。

◇**分布**　北海道〜九州、朝鮮、中国
◇**よく見る場所**　庭・公園
◇**花・果実の時期**　7〜8月

ヤマユリ　多年草。茎は高さ1-1.5m。葉は互生、長さ10-15㎝幅2.5-5㎝。花は数個-20個ほどつき、花被片は長さ10-18㎝。果実は長さ5-8㎝。写真：花時

ヤマユリ

山百合／別名エイザンユリ・ホウライジユリ・ヨシノユリ

ユリ科

Lilium auratum

山野の草原や林の中などに生える多年草。庭や公園などで観賞用に栽培される。茎はまっすぐ立ち、花が咲くと重みで弓なりに曲がる。地下の鱗茎《りんけい》は黄白色、食用にされる。夏に強い香りのある白色の花が咲く。花粉は赤褐色で、花を訪れた昆虫につきやすいようにやや粘り気がある。花の香りを嗅ごうと顔を近づけ、うっかり鼻の頭につけようものなら水で洗っても取れず閉口する。細長い茎の先に大きな花を数個つけて、わずかな風にも揺れるのでユリといわれるようになったといぅ。鱗茎をきれいに洗い、鱗片を1枚ずつはぎとり熱湯をかけて天日に干したものは漢方薬の百合《びゃくごう》。咳止め、解熱の薬に利用される。

◇**分布**　本州（近畿以北）

◇**よく見る場所**　庭・公園・道路沿いの土手・林縁

◇**花・果実の時期**　7〜8月、香りがある

タカサゴユリ　多年草。茎は高さ0.3-2m。葉は互生、長さ10-25㎝幅0.4-1.2㎝。花は1-10個以上つき、花被片は長さ15-20㎝。果実は長さ5-7㎝。写真：花時

タカサゴユリ

高砂百合／別名ホソバテッポウユリ・タイワンユリ

ユリ科

Lilium formosanum

台湾原産の多年草。土手や道路の法面、空き地、墓地などの日当たりのよいところに見られる。大正時代に観賞用として入り、庭や花壇に植えられたものから飛んだ種子が育ち、各地に急速に野生化している。ユリは発芽から花が咲くまで長い年月かかるものが多いが、タカサゴユリは発芽してから2～3年で花が咲く。花は白く長いラッパ形。花被片の外側の中央脈は濃い紫褐色になり、まわりはぼかしたように色が薄まる。花粉は赤褐色を帯びる。自家受粉するため種子の生産量は高い。よく似た種類にテッポウユリがある。こちらは花被片の外側は紫褐色に染まらず、花粉は黄色などの違いがある。

◇**由来**　台湾原産、

◇**よく見る場所**　道端・道路沿いの土手・石垣の間

◇**花・果実の時期**　7～11月

ツルボ　多年草。葉は長さ10-25㎝幅4-6㎜。花茎は高さ20-40㎝、花被片は長さ3-4㎜。果実は長さ4-5㎜。写真：右＝花時、左＝花穂

ツルボ

蔓穂／別名サンダイガサ

ユリ科

Scilla scilloides

山野の日当たりのよい草地に生える多年草。しばしば河川の土手をピンク色に染めるほど群生する。地下の鱗茎《りんけい》は卵球形で黒褐色の外皮に包まれる。根もとに線形の2枚の扁平な葉が出るもの、出ないものなどある。淡紅紫色の小さな花が穂状について下から上へ咲きのぼる。果実は熟すと縦に裂けて細長い黒い種《たね》を出す。別名参内傘《さんだいがさ》は、最盛期の花穂の形を公家が参内するときに従者に持たせた長柄の傘をたたんだ形に見立てたもの。ツルボの語源はわかっていない。鱗茎は同じところに生える山菜のノビルやアサツキに似るが、ノビルの鱗茎は白く、アサツキの鱗茎は紫色を帯びることで見分ける。

◇**分布**　北海道西南部～沖縄、朝鮮、中国、ウスリー

◇**よく見る場所**　草地・河原の土手

◇**花・果実の時期**　8～9月

ドイツスズラン　多年草。葉は根生、長さ20㎝ほど。花茎は高さ15-20㎝、花は5-8個、花冠は長さ7㎜ほど。果実は径6㎜ほど。写真：右＝スズラン、左＝ドイツスズラン

ドイツスズラン

独逸鈴蘭
ユリ科
Convallaria majalis

観賞用に導入された多年草。スズランの名で庭や公園などに栽培される多くはドイツスズラン。葉はやや厚めで光沢がある。花茎は、葉の高さとほぼ同じで花は目立つ。6枚の花被片の半分以上は合生し先は外に反り返る。雄しべの葯《やく》は淡緑色。園芸品種には花がピンク色、紅色のもの、八重咲きや葉に斑が入るものなどがある。果実は丸く赤く熟す。日本に自生するスズランは花茎が葉より低く花は目立たず、葯は鮮黄色。花によい香りがあり、香水原料や、絵や詩、歌などの題材にされる可憐な花だが、強い毒性のある植物。動物は食べないので、山の草原や放牧地で群生すると、花の名所にされることもある。

◇由来　ヨーロッパ原産
◇よく見る場所　庭・公園
◇花・果実の時期　5月、果実は赤く熟す

ハラン　常緑の多年草。葉は長さ30-40㎝幅8-15㎝、葉柄は長さ10-20㎝。花のつく柄は高さ1-4㎝、花は径2-2.5㎝。果実は球形、径2㎝ほど。写真：右＝草姿、左上＝花、左下＝花の内部

ハラン

葉蘭／別名バラン
ユリ科
Aspidistra elatior

江戸時代から栽培されてきた常緑の多年草。中国から入ったといわれるが鹿児島県沖の東シナ海に浮かぶ島が原産地という説もある。日陰でよく育ち、光沢のある濃い緑色の葉が美しい。地下茎は横に伸びて、節から長い柄のある葉が出る。花は花被の先が8つに裂けて暗紫色か乳白色、地面に埋もれそうな状態で咲く。花が見つけにくいため、家の庭で咲いていても気づかない人が多い。雌しべの柱頭は傘形で花の内部をふさぐ。雄しべは柱頭より下にあり見えない。果実は丸く、数個の種《たね》がある。葉は生け花の材料にするほか、香りがよいので、料理の飾りや、食べ物を包んだりする。斑入りの園芸品種もある。

◇由来　中国原産
◇よく見る場所　庭・公園
◇花・果実の時期　4～5月

キチジョウソウ　多年草。葉は根生、長さ10-30㎝幅0.5-2㎝。花茎は高さ8-13㎝、花穂は長さ4.5-7㎝、花弁は長さ0.8-1㎝。果実は径6-9㎜。写真：右＝果実、左＝花時

キチジョウソウ

吉祥草／別名キチジョウラン・カンノンソウ
ユリ科
Reineckea carnea

暖地の木陰に生える常緑の多年草。庭や公園などに植えられ、都会でも普通に見られる。茎は地表を這《は》い、ところどころから根を出して上方に深緑色の葉を束生する。葉の長さはかなり個体差があり、公園などでは40㎝くらいになる。秋に葉の中から花茎を伸ばし、淡紅紫色の小さな花を咲かせる。花被片は6個あり、やや肉厚な感じで先の方が外側に反り返る。花序の上部につく花は雄しべだけで雌しべはない。下部につく花は両性花で雄しべ6本、雌しべ1本。雌しべは長く花の外に突き出る。果実は冬に赤く熟し、野山や庭に彩りを添える。和名は庭にこの花が咲くとその家に吉事があるという言い伝えに由来する。

◇**分布**　本州（関東以西）～九州、中国
◇**よく見る場所**　庭・公園
◇**花・果実の時期**　9～10月

オモト　常緑の多年草。葉は根生し、長さ30-50㎝幅3-5㎝。花茎は高さ10-20㎝、花序は長さ2-3.5㎝。花は半球形、径5㎜ほど。果実は径0.8-1㎝ほど。写真：右＝果実時、左＝花時

オモト

万年青
ユリ科
Rohdea japonica

暖地の林の中に生える常緑の多年草。厚みのある暗緑色の光沢のある葉は茶道のわび、さびに通じるといい、愛好者が多く、観賞用として江戸中頃から盛んに栽培されるようになった。公園や人家の裏山などに野生化したものが見られる。元禄の頃に多くの園芸品種がつくり出され、現在にいたるまで各地で万年青展示会や展覧会が開かれている。中国では常緑の葉は衰えを見せない長寿に通じるとして万年青と書き、日本ではその意を受けて、祝い事に使われたりする。和名は株が太いので大本《おおもと》と呼んだのが転じたという。太い花茎に淡黄色の小さな花を多数つける。果実は秋に赤く熟す。全草に強い有毒成分を含む。

◇**分布**　本州（関東以西）～九州、中国
◇**よく見る場所**　庭・公園
◇**花・果実の時期**　5～7月、果実は赤色に熟す

オオバナクンシラン　多年草。葉は広線形、長さ40-60㎝幅5㎝ほど。花茎は高さ40-50㎝、花は先端に10-20個ほどつき、径3㎝長さ7-8㎝。写真：花時

オオバナクンシラン

大花君子蘭／別名ウケザキクンシラン・ハナラン
ヒガンバナ科
Clivia miniata

アフリカ原産の常緑の多年草。別名もあるが、一般にはクンシランの名で栽培される。鉢植えに多く、しばしば家の玄関先や窓辺に置かれて、花が咲く頃には道行く人の目を楽しませる。半日陰に置くほうがよいので、高い建物の陰になりやすい都会向きの植物。根茎は大きく、水分をためている。葉は厚みがあり幅広で光沢がある。葉に斑が入るものや葉の短いダルマといわれる品種などもあり、花のない時期は観葉植物になる。花の色は普通は赤橙色だが、黄色や淡黄色を帯びた白色の園芸品種もある。和名のもとにされたクンシランは、南アフリカ産の別種で花が下向きに咲くが、ほとんど栽培されていない。

◇**由来**　南アフリカ原産
◇**よく見る場所**　庭・鉢植え
◇**花・果実の時期**　4～5月

スイセン　多年草。葉は帯状、長さ20-40㎝幅0.8-1.6㎝。花茎は高さ20-40㎝で、数個の花をつける。花被片は長さ1.5-1.8㎝、副冠は径1㎝ほど。果実はできない。写真：右＝花時、左＝園芸品種の花

スイセン

水仙／別名ニホンズイセン・セッチュウカ
ヒガンバナ科
Narcissus tazetta var. *chinensis*

地中海沿岸から中国南部に原産し、日本には中国経由で入ったか海流に乗って流れついたと考えられている。本州中央部以西の海辺に野生化し、観賞用、切り花用に庭や公園などで栽培もされる。白い花被片と黄色の副花冠がある花の姿を中国では銀の台の上に金の盃を置いたようだと讃えて「金盞銀台」とも呼ぶ。属名の*Narcissus*は水に映る自分の姿に恋した美少年ナルシスが、水死後にスイセンの花になって池のほとりに咲いたというギリシア神話に由来する。水仙は中国名による。種子はできず鱗茎《りんけい》で殖える。鱗茎は黒い皮に包まれてタマネギに似ているが有毒。たまに間違えて調理して食べて中毒事故が起きる。

◇分布　本州（関東以西）・九州、地中海沿岸～中国
◇よく見る場所　庭・公園
◇花・果実の時期　12～4月

ヒガンバナ　多年草。葉は帯状、長さ30-50㎝幅6-8㎜。花茎は高さ30-50㎝、花は5-7個つき、花被片は長さ約4㎝幅5-6㎜。果実は実らない。写真：右上＝葉の頃、右下＝鱗茎、左＝花時

ヒガンバナ

彼岸花／別名マンジュシャゲ（曼珠沙華）・シビトバナ
ヒガンバナ科
Lycoris radiata

古い時代に中国から入ったと考えられている多年草。和名は秋の彼岸の頃に花が咲くことから。別名の蔓珠沙華《まんじゅしゃげ》は、法華経にある天上赤花のことだといわれる。花の時期には葉がなく、花の後に葉が出るので「葉見ず花見ず」の名もある。果実はできず、鱗茎《りんけい》で殖える。鱗茎には強い毒性があるが、飢饉のときはすり潰して流水でよくさらし、後に残ったでんぷんを食糧にしたという。モグラ除けに田畑の畦に植える地域があるとも聞く。強烈な赤色と有毒なこと、墓地に多いことなどが結びつきユウレイバナ、シビトバナ、ジゴクバナとも呼ばれ、花瓶に生けたり家で育てるのを嫌う人が多いが、欧米では栽培される。

◇**由来**　中国原産、北海道～沖縄に見られる
◇**よく見る場所**　川の土手・田のあぜ・墓地・堤防
◇**花・果実の時期**　9月

キツネノカミソリ　多年草。葉は帯状、長さ30-40㎝幅0.8-1㎝。花茎は高さ30-50㎝、花は3-5個つき、花被片は長さ5-8㎝幅0.8-1㎝。果実は径1.5㎝ほど。写真：右＝花姿、左＝鱗茎

キツネノカミソリ

狐剃刀
ヒガンバナ科
Lycoris sanguinea

田や畑の周辺の日当たりのよい土手や木洩れ日の入る林の中などに生える多年草。都会では、昔からの自然が残された公園の木陰などに見られる。夏の盛りに地上に花茎が出てきて、数日で30〜50㎝の高さになり、先端に濃いオレンジ色の花を咲かせる。雄しべと雌しべは花の外に突き出ない。花の後、果実ができて、中に黒い種子がある。花が咲いているときは地上に葉はない。葉は春先に出てくるが、この形をキツネの剃刀に見立てて名づけられた。スイセンの葉が出る時期と重なるため、どちらか迷うときがある。似た種類のオオキツネノカミソリは、花が少し大きく、雄しべと雌しべは花の外に長く突き出る。

◇**分布**　本州〜九州、中国
◇**よく見る場所**　田畑の土手・公園
◇**花・果実の時期**　7〜8月

ナツズイセン　多年草。葉は帯状、長さ20-30㎝幅1.8-2.5㎝。花茎は高さ50-70㎝、花は数個つき、花被片は長さ5-7㎝幅1.5㎝ほど。果実はほとんど実らない。写真：花時

ナツズイセン

夏水仙
ヒガンバナ科
Lycoris squamigera

古い時代に中国から入ったといわれる多年草。庭や公園などに観賞用に植えられるほか、畑や人家の周辺に野生化しているものが見られる。花期は8月中旬～9月初旬。地上に花茎が出ると数日で60㎝ほどの高さになり、先端に5～7個の淡紅紫色の大きな花がまとまって咲く。果実はできず、鱗茎で殖える。花の咲いているときは葉がなく、花が終わった後いったん地上部から姿が消える。早春にスイセンに似た葉を出し、葉を茂らせて鱗茎に養分を蓄えて初夏に枯れる。和名の夏水仙は葉がスイセンに似ていて、夏に花が咲くことからつけられた。属名の*Lycoris*は、ギリシア神話の海の女神の名にちなむという。

◇**由来**　中国原産
◇**よく見る場所**　庭・公園・人家のまわり
◇**花・果実の時期**　8～9月

タマスダレ　多年草。葉は線状、長さ20-30㎝幅4-5㎜。花茎は高さ20-30㎝、花は先端に1個ずつつき、径3㎝ほど。種子はほとんど実らない。写真：花時

タマスダレ

玉簾／別名ゼフィランサス
ヒガンバナ科
Zephyranthes candida

南アメリカ原産の常緑多年草。地下にラッキョウに似た形の鱗茎《りんけい》があり鱗茎が分かれて殖える。明治初期に観賞用として日本に入り、庭、民家のまわり、花壇などに広く栽培され、野生化したものもある。寒さに強く痩せた場所やほとんど手入れしなくても良く育つ。花は日光が十分に当たると開き、夕方日が陰ると閉じ、翌朝日が昇ると開く。これを数日間繰り返す。和名は葉が並んでいる様子を簾に見立て、花の白さを玉にたとえたという。別名のゼフィランサスは属名。花の色が淡紅色のものはサフランモドキと呼ばれる。全体に有毒成分を含み、葉をニラと、鱗茎をノビルと間違えて食べて中毒事故が起きる。

◇**由来**　南アメリカ原産
◇**よく見る場所**　庭・公園・人家のまわり
◇**花・果実の時期**　7～9月

シャガ　常緑の多年草。葉は扇状に広がってつき、長さ30-60㎝幅2-3㎝。花茎は高さ30-70㎝。花は径5㎝ほど。果実は実らない。写真：花時

シャガ

射干

アヤメ科

Iris japonica

古い時代に中国から日本に入ったと考えられている常緑の多年草。現在も庭や公園で栽培され、林の中などに野生化している。葉はやや厚く光沢がある。花茎は上部でよく枝を分け、各枝に花が数個ずつつく。花は外花被片3個、内花被片3個、雄しべ3個、雌しべ1個。外花被片の中央部にとさかのように突き出した黄色い突起があり、そのまわりに紫色の斑点が並ぶ。内花被は外花被より小さく紫の斑点はない。雌しべの先は深く3裂し、おのおのの先端がさらに細かく裂けて花弁に見える。結実せず、地下の根茎が伸びて繁殖する。射干は中国ではヒオウギのことをさし、和名は誤用されたものだといわれる。

◇分布　本州〜九州、中国大陸
◇よく見る場所　庭・公園・林の中
◇花・果実の時期　4〜5月

カキツバタ　多年草。葉は剣状、長さ30-70㎝幅2-3㎝。花茎は高さ40-70㎝、花は2-3個つき、花の径は12㎝ほど。果実は長さ4-5㎝。写真：花時

カキツバタ

杜若

アヤメ科

Iris laevigata

平地から山地の水辺に生え、山地の湿原などでは見事な群落を見ることがある。在来種のアヤメの仲間では最も水質地を好む。庭や公園の池の縁などに植えられることが多い。カキツバタの名はこの花の汁を布にこすりつけて染めたので「書き付け花」と呼んでいたのが転じたとされる。古代の大宮人はこの儀式の後、薬にする材料集めに出かけたという。乾燥して根茎を水で煎じて去痰の薬に用いる。日本画、漆器などに描かれ、能楽で謡われるなど日本の伝統文化に深く根ざしている。花は濃紫色。花被片6個のうち外側の3個は大きく、下に垂れて、中央部の基部は白色あるいは黄色みを帯びる。

◇**分布**　北海道～九州、朝鮮、中国、シベリア
◇**よく見る場所**　水辺・公園の池
◇**花・果実の時期**　5～6月

アヤメ　多年草。葉は剣状、長さ30-50㎝幅0.5-1㎝。花茎は高さ30-60㎝、花は2-3個つき、花の径は8㎝ほど。果実は長さ4㎝ほど。写真：花時

アヤメ

菖蒲／別名ハナアヤメ
アヤメ科
Iris sanguinea

やや乾燥した明るい草地に生える多年草。庭や公園などで観賞用に栽培される。葉は剣形で互い違いにきちんと並び、中央の脈ははっきりしない。花茎の先に2個の鞘状の苞葉《ほうよう》をつけその中に2～3個の蕾《つぼみ》がつき、1個ずつ伸び出て花が開く。外側にある花被片は下向きに垂れ、下半部に黄色の部分があり、黒紫色の筋が網目模様をつくる。きれいな葉の並び方から文目、花被片の網目模様から綾目とも呼ばれる。和名に菖蒲の字を当てるのは、古くはサトイモ科の菖蒲《しょうぶ》をアヤメと呼んでいたことによる。よく似たノハナショウブは花がやや赤みのある紫色で、下向きに垂れた花被片のつけ根に黄色の模様がある。

◇**分布**　北海道～九州、朝鮮、中国、シベリア東部
◇**よく見る場所**　庭・公園
◇**花・果実の時期**　5～7月

ハナショウブ　多年草。葉は剣状、長さ30-60cmほど。一般に江戸系は草丈が高く、肥後系や伊勢系は草丈が低い。写真：江戸系の園芸品種

ノハナショウブ　多年草。葉は剣状、長さ30-60cm幅0.5-1.2cm。花茎の高さ40-100cm、花は2-3個つき、径10cmほど。果実は長さ2.5-3cm。写真：右＝花時

ノハナショウブとハナショウブ

野花菖蒲、花菖蒲
アヤメ科
Iris ensata

ノハナショウブは山野のやや湿り気のある草地や湿地などの日当たりのよいところに生える。観賞用に栽培され、生け花の材料ともなる。花は赤みのある紫色。外側の花被片は大きく、垂れて中央の基部に黄色の筋が入る。アヤメ、カキツバタ、ノハナショウブは外花被片の基部の模様をポイントに見分ける。

ハナショウブは江戸中期にノハナショウブからつくられた園芸品種群で、主に江戸系、肥後系、伊勢系の3つの特色のある系統が江戸時代に成立した。現在はこの系統の間やほかの種との交配により多くの新品種がつくられている。江戸の昔から各地に花菖蒲の名所があり、梅雨の花として人々に愛されている。

◇**分布**　北海道～九州、朝鮮、中国、シベリア東部
◇**よく見る場所**　湿地・河岸、庭・公園の池
◇**花・果実の時期**　6～7月

キショウブ　多年草。葉は剣状、長さ60-100㎝幅2-3㎝。花茎は高さ60-100㎝、花は径10㎝ほど。写真：花時

キショウブ

黄菖蒲
アヤメ科
Iris pseudacorus

西アジア〜ヨーロッパ原産の多年草。明治時代に観賞用に日本に入り、各地で栽培され、現在では湿地や川岸などに野生化している。地下の根茎は枝を分けて繁殖する。葉の長さは0.5〜1.2ｍくらいになり、幅2〜3㎝で太い中央脈が隆起する。花茎は直立し、葉より上に出る。5〜6月頃に枝先に鮮やかな黄色の花がつく。花被片は6個あり、外側の3個は大きくて垂れ下がり目立つが、内側の3個は細く、小さく、立っているが目立たない。アヤメ属の中で黄色の花はキショウブだけで、珍しい花であるうえに丈夫で育てやすいので広く栽培される。

◇**分布**　ヨーロッパから西アジア原産、北海道〜九州に見られる
◇**よく見る場所**　湿地・河岸
◇**花・果実の時期**　5〜6月

ジャーマンアイリス　多年草。茎は高さ60-90㎝。葉は剣状、長さ46㎝ほど幅3-4㎝。花は一つの花茎に4-5個つき、長さ6-8㎝。写真：右＝花時、左＝花

ジャーマンアイリス

German Iris／別名ドイツアヤメ・ベアデッドアイリス

アヤメ科

Iris germanica

ヨーロッパから西アジアに分布する数種が自然に交雑してできたものを原種として、盛んに改良されて多くの園芸品種がつくられた。白色、黄色、オレンジ色、ピンク色、赤色、青色、紫色、黒色、茶色など多彩な花色の品種がある。根茎は太く、葉は広い剣状。内側の花被片は大きく発達し、外側の花被片と同じくらいの大きさで豪華。花にはサンショウに似た香りがあり、次々に開いて長い間楽しむことができる。外側の花被片のつけ根に細かいヒゲのよう突起が密生しているので、欧米ではヒゲアヤメ（＝ベアデッドアイリス）と呼ばれる。属名のイリスはギリシア神話の虹の女神イリスに由来する。

◇由来　ヨーロッパ原産種の交雑による園芸種

◇よく見る場所　庭・公園・土手

◇花・果実の時期　4～5月、香りがある

ニワゼキショウ　多年草。茎は高さ10-20㎝。葉は剣状、幅2.5㎜以下。花は径1.5㎝ほど。果実は径3㎜ほど。写真：右＝淡紅紫花、左＝淡い紫がかった白花

ニワゼキショウ

庭石菖／別名ナンキンアヤメ
アヤメ科
Sisyrinchium atlanticum

北アメリカ原産の多年草。明治中頃に日本に入った。日当たりのよい河川敷、草地、道端などに生える。茎は扁平でごく狭い翼《よく》があり、先端に細い花柄を出し淡紅紫色または淡い紫色がかった白色の小さな花がつく。花被片6枚はほぼ同じ大きさ。一つの花は1日でしぼむ。果実は球形、初め上向きだが熟すと下向きになり3つに裂けて種子を落とす。和名はセキショウに似た葉で庭に生えることによる。花が小さく可愛いという意味でナンキンアヤメとも呼ばれる。同じようなところに咲くアイイロニワゼキショウは高さ20〜30㎝と大きくなるが、花はひとまわり小さく、ほとんどが淡青色、果実はやや大きい。

◇**由来**　北アメリカ原産、各地に見られる
◇**よく見る場所**　道端・芝地・河川敷
◇**花・果実の時期**　5〜6月

ヒメヒオウギズイセン　多年草。葉は剣状、2列互生、長さ60-100㎝。花茎は高さ80㎝ほど、12-20個の花がつく。花は径3-5㎝。写真：花時

ヒメヒオウギズイセン

姫檜扇水仙／別名モントブレチア
アヤメ科
Tritonia × crocosmaeflora

ヨーロッパでヒオウギズイセンとヒメトウショウブを交配してつくった園芸種といわれる多年草。明治中期に観賞用として入り、庭や公園などで栽培されるほか、暖地を中心に広く野生化している。地下に球茎をつくり繁殖していくため群生する。細長い葉が2列に並んで直立する。6～8月にかけて葉の間から花茎を伸ばし、上部に朱赤色の花を穂状につける。内外の花被はほぼ同じ形で、下の方はくっついて筒になる。英名のモントブレチアの名でも知られている。乾燥した花に熱湯を注ぐと香りのよいお茶ができる。和名はヒオウギズイセンに似て小型でやさしい感じがすることによる。

◇**由来**　ヨーロッパで交配によりつくられた園芸種
◇**よく見る場所**　庭・公園・土手
◇**花・果実の時期**　7～8月

ヤマノイモ　つる性の多年草。つるは右巻き。葉は対生、長さ5-10㎝幅3-5㎝。雄花の花被片は長さ2㎜ほど、雌花では長さ1㎜ほど。果実は長さ1.5㎝ほど。写真：上＝花時、右下＝3種の種子

ヤマノイモ

山芋・薯蕷／別名ジネンジョウ・ヤマイモ
ヤマノイモ科
Dioscorea japonica

山野や民家のまわりに普通に生えるつる性の多年草。雌雄別株で、雄花は上向き、雌花は葉陰に隠れるように下向きに咲くので、遠目でも雌雄がわかる。果実は3つの翼《よく》に分かれ、熟すと縁が裂けて膜状の翼に囲まれた種子が風に乗って飛び出る。山芋《やまいも》、自然薯《じねんじょ》とも呼ばれ、根の太いものをトロロ汁などにして食べる。秋の山菜の中で人気が高い。葉柄の基部にできるむかごも、茹でる、炒る、ご飯と一緒に炊くなどして食べる。よく似たオニドコロ、ヒメドコロは葉が互生で、果実の一方が口を開けたように裂けて種子が出る。オニドコロの種子は片側だけ膜状の翼がつき、ヒメドコロの種子は膜状の翼に囲まれる。

◇**分布**　本州～沖縄、朝鮮、中国
◇**よく見る場所**　人家のまわり
◇**花・果実の時期**　7～8月

キンラン　多年草。茎は高さ30-70㎝。葉は互生、長さ8-15㎝幅2-4㎝。萼片は長さ1.4-1.7㎝、花弁は萼片より少し短い。写真：右＝ギンラン、左＝キンラン

キンラン

金蘭／別名オウラン・アリマソウ・アサマソウ
ラン科
Cephalanthera falcata

山野の林の中に生える多年草。葉は縦に筋が入り、もとの方は茎を抱く。黄色の花は下の花弁に朱色の隆起した筋があり、後部は袋のようになり上向きに咲き、完全に開かない。花の下に柄のように見える、細長い緑色の子房がある。果実は熟すと裂けて、粉のような種子を散らす。草丈が高く、花が黄金色に輝き目立つため掘り盗られることが多く、往きに見た花が帰りになくなっていて寂しく残念な思いをすることがある。同じ頃に咲くギンラン（銀蘭）、ササバギンラン（笹葉銀蘭）の花は白色。ギンランの苞葉《ほうよう》は短く、花序の下につく。ササバギンランの苞葉は長く、花序より上につき出る。

◇分布　本州～九州、朝鮮、中国
◇よく見る場所　庭・公園
◇花・果実の時期　4～6月

ネジバナ　多年草。茎は高さ10-40㎝。根生葉は広線形、長さ5-20㎝幅0.3-1㎝。萼片は長さ5㎜ほど、花弁は萼片より少し短い。写真：右=シロモジズリ、左=ネジバナ

ネジバナ

捩花／別名モジズリ・ヒダリマキ
ラン科
Sipranthes sinensis var. *amoena*

芝生の中、草地、田のあぜ、ゴルフ場、線路脇、道路の中央分離帯などの日当たりのよい場所にごく普通に生える多年草。低地から山地まで広い範囲に生育していて、野生ランにしては珍しく大都会でも普通に見られる。花は4～10月まで次々と咲く。広線形の葉の間から花茎が伸び、淡紅色、まれに白色の小さな花がらせん状につく。芝生の中に群生すると淡紅色に染まるほど。花序のねじれは左巻き、右巻き、途中で巻き方が変わるもの、ねじれないものなどある。和名はねじれた花穂の形からつけられた。モジズリとも呼ばれ、この名の由来についてはいくつかの説があるが、いずれもねじれた花序の姿にちなむ。

◇**分布**　北海道～九州、ヒマラヤ～東アジア
◇**よく見る場所**　芝生の中・草地・ゴルフ場
◇**花・果実の時期**　4～10月

シラン　多年草。茎は高さ30-70㎝。葉は長さ20-30㎝幅2-5㎝。萼片と花弁は長さ2.5-3㎝幅6-8㎜。果実は長さ3-3.5㎝。写真：花時

シラン

紫蘭
ラン科
Bletilla striata

本州の中部以西、四国、九州の湿り気の多い草地や崖などに生える多年草。自生地からほとんどなくなってしまったが、栽培がむずかしい野生ランが多い中で、丈夫で育てやすく、美しい花なので観賞用に庭や公園などによく植えられている。名前は紅紫色の花の色から。少ないが白色もありシロバナシランと呼ばれる。このほか葉に斑が入るもの、萼片《がくへん》や側花弁が淡紅色で唇弁《しんべん》の先端が紅色になるクチベニシランなどの園芸品種もある。地中にあるやや扁平な球形で白色肉質の茎を蒸して外皮をむいて乾燥したものは白及根《はくきゅうこん》と呼ばれ、薬用にされる。また、粘着性を利用して、七宝細工の接着剤に使われる。

◇**分布**　本州中南部～沖縄、中国
◇**よく見る場所**　庭・公園・草地
◇**花・果実の時期**　4～5月

エビネ　多年草。茎は高さ20-40㎝。葉は2-3個、長さ15-25㎝幅5-8㎝。萼片の長さは0.9-1.5㎝、花弁は萼片とほぼ同じ長さ。写真：右＝花穂、左＝花時

エビネ

海老根
ラン科
Calanthe discolor

山地や丘陵地の林の中に生える。自生地では掘り取られて減ったが、庭や公園などで栽培されている。春に葉巻たばこのような形で葉が出てくる。花の唇弁《しんべん》は白みがかり萼弁《がくへん》や側花弁は紫褐色が多いが、株により色が違って変化に富む。地下にバルブと呼ぶ球形の茎が数個連なり、この形をエビの尾に見立てて名づけられた。栽培しやすく、毎年新しいバルブができて殖える。花に強い香りがあるニオイエビネは伊豆諸島の御蔵島の特産種。高価なものらしく、数十年前に御蔵島に行ったとき駐在所の巡査がエビネ泥棒の現場写真を見せてくれた。船をチャーターして来るという話で、大量のニオイエビネが写っていた。

◇**分布**　北海道西南部～沖縄、朝鮮
◇**よく見る場所**　庭・公園
◇**花・果実の時期**　4～5月、ほのかな香りがある

マヤラン　腐生性の多年草。花茎は高さ10-30㎝。鞘状の葉は数個あり、長さ1-1.5㎝。萼片は長さ2㎝ほど幅3-4㎜、花弁は萼片よりも少し短い。写真：花時

マヤラン

摩耶蘭
ラン科
Cymbidium nipponicum

薄暗い林内に生える腐生植物。東京の武蔵野市にある公園は群生地として知られており、7月の花の時期に行くと決まって植物仲間に出会う。この生育地はマヤランのためにきれいにササ刈りされてよく管理されている。腐生植物は葉緑素を持たないため、光合成ができず、ある種の菌類と共生し、その菌を通して落ち葉などから養分を得て生きている。ほかの植物と光の奪いあいをしない気楽なライフスタイルだ。マヤランの花茎は淡緑色だが、自立できず共生菌にたよって生活している。葉は鱗片《りんぺん》状に退化して茎の下の方についている。花を真正面から見ると左右対称。紅紫色の模様があでやかである。

◇分布　本州～沖縄
◇よく見る場所　公園・林の中
◇花・果実の時期　7～8月

シュンラン　多年草。葉は線形、長さ20-35㎝幅0.6-1㎝。萼片は長さ3-3.5㎝幅0.7-1㎝、花弁は萼片より少し短い。果実は長さ5㎝ほど。写真：右＝果実、左＝花時

シュンラン

春蘭／別名ホクロ
ラン科
Cymbidium goeringii

林の中に生える常緑の多年草。庭や公園などに植えられ鉢植えで栽培される。かつては野山に普通にあり、花を食べたり、塩漬けを蘭茶にして祝い事に用いたり、日本画、漆器、陶磁器、着物に描かれるなど古くから親しまれている。葉は縁にごく小さい鋸歯《きょし》があり、ざらつく。ヤブランの縁はざらつかないので、どちらか迷うときに役立つポイント。唇弁《しんべん》は白色で赤紫色の斑点があり、萼片《がくへん》やほかの花弁は緑色、まれに赤みを帯びる。果実は熟すと縦に割れて、粉のような種子が風に飛ぶ。別名は唇弁の斑点をほくろに見立てたもの。花を塩漬けするときに梅酢を少し加えると、ほくろが赤紫色に発色して見栄えがよい。

◇分布　北海道〜九州、中国大陸
◇よく見る場所　庭・公園・林の中
◇花・果実の時期　3〜4月、香りがある

参考図書

朝日新聞社編『週間朝日百科世界の植物6』朝日新聞社、一九七八年
畔上能力編・解説『山渓ハンディ図鑑2 山に咲く花』山と渓谷社、一九九六年
井沢一男著『薬草カラー図鑑』主婦の友社、一九七九年
井沢一男著『続薬草カラー図鑑』主婦の友社、一九八〇年
井沢一男著『続々薬草カラー図鑑』主婦の友社、一九八四年
岩瀬　徹・大野景徳（共著）『雑草たちの生きる世界』文化出版局、一九七七年
長田武正著『検索入門 野草図鑑 全八巻』保育社、一九八四〜八五年
佐竹義輔・大井次三郎・北村四郎・亘理俊次・冨成忠夫編『日本の野生植物 全三巻』平凡社、一九八一〜八二年
清水建美著『図説植物用語事典』八坂書房、二〇〇〇年
清水建美編『日本の帰化植物』平凡社、二〇〇三年
塚谷裕一著『植物のこころ』岩波新書、二〇〇一年
林　弥栄総監修・畔上能力・菱山忠三郎・西田尚道監修『野草見分けのポイント図鑑』講談社、二〇〇三年
林　弥栄監修『山渓ハンディ図鑑1 野に咲く花』山と渓谷社、一九八九年
牧野富太郎著『牧野新日本植物図鑑』北隆館、一九七七年

Senecio vulgaris 155
Setaria viridis 201
Sherardia arvensis 144
Sicyos angulatus 63
Silene armeria 39
Sisyrinchium atlanticum 239
Solanum carolinense 114
Solanum lyratum 112
Solanum nigrum 113
Solidago altissima 164
Sonchus asper 173
Sonchus oleraceus 173
Sporobolus fertilis 199
Spiranthes sinensis var. *amoena* 243
Stellaria media 35
Symphytum officinale 121
Talinum triangulare 31
Taraxacum albidum 176, 177
Taraxacum officinale 176, 177
Taraxacum platycarpum 176, 177
Thypha orientalis 207
Torilis scabra 105
Tradescantia fluminensis 183
Tradescantia ohiensis 183
Trichosanthes cucumeroides 64
Trichosanthes kirilowii var. *japonica* 65
Tricyrtis formosana 211
Trifolium dubium 79
Trifolium pratense 81
Trifolium repens 80
Trigonotis peduncularis 122
Triodanis biflora 141
Triodanis perfoliata 141
Trisetum bifidum 194
Tritonia × *crocosmaeflora* 240
Verbascum thapsus 136
Veronica arvensis 134
Veronica hederifolia 134
Veronica persica 135
Vicia angustifolia 84
Vicia villosa ssp. varia 85
Vinca major 110
Viola confusa ssp. *nagasakiensis* 59
Viola grypoceras 61
Viola japonica 59
Viola mandshurica 58
Viola sororia 60
Viola tricolor 62
Viola verecunda 61
Vitis thunbergii 96
Xanthium occidentale 154
Youngia japonica 172
Zephyranthes candida 232
Zoysia japonica 200

Lysimachia japonica 106
Macleaya cordata 20
Malva sylvestris var. mauritiana 57
Mazus pumilus 137
Melilotus officinalis 78
Metaplexis japonica 111
Mirabilis jalapa 24
Miscanthus sinensis 204
Miyamayomena savatieri 157
Myosotis scorpioides 122
Myosoton aquaticum 35
Narcissus tazetta var. *chinensis* 228
Nasturtium officinale 70
Nelumbo nucifera 12
Nymphoides peltata 108
Oenanthe javanica 104
Oenothera biennis 89
Oenothera laciniata 88
Oenothera rosea 91
Oenothera speciosa 90
Ophiopogon japonicus 210
Oplismenus undulatifolius f. *undulatifolius* 205
Orobanche minor 139
Orychophragmus violaceus 71
Oxalis articulata 98
Oxalis corniculata 99
Oxalis corymbosa 98
Paederia scandens 145
Paeonia lactiflora 54
Papaver dubium 19
Paspalum dilatatum 199
Patrinia scabiosaefolia 146
Pelargonium × hortorum 100
Pennisetum alopecuroides 200
Perisicaria lapathifolia 50
Perisicaria longiseta 50
Persicaria capitata 51
Persicaria perfoliata 46
Persicaria pilosa 49
Persicaria sieboldi 48
Persicaria thunbergii 47
Petasites japonicus 159
Phalaris canariensis 193
Phlox subulata 120
Phragmites communis 195
Phryma leptostachya var. *asiatica* 123
Physalis alkekengi var. *franchetii* 115
Physostegia virginiana 126
Phytolacca americana 23
Pinellia ternata 180
Plantago asiatica 130
Plantago lanceolata 131
Plantago virginica 131
Platycodon grandiflorum 142
Poa annua 190
Pollia japonica 181
Polygonum aviculare 44
Portulaca oleracea 30
Potentilla sundaica var. *robusta* 76
Primula sieboldii 107
Pueraria lobata 86
Quamoclit coccinea 119
Reineckea carnea 225
Reynoutria japonica 52
Rohdea japonica 226
Rudbeckia laciniata 153
Rumex acetosa 41
Rumex acetosella 40
Rumex japonicus 43
Rumex obtusifolius 42
Sagina japonica 37
Saponalia officinalis 39
Saururus chinensis 11
Saxifraga stolonifera 75
Scilla scilloides 222
Scirpus tabernaemontani 187
Scirpus triqueter 187
Sedum bulbiferum 72
Sedum mexicanum 73

Cymbidium nipponicum 246
Cyperus congestus 186
Cyperus rotundus 186
Dactylis glomerata 188
Datura inoxia 116
Delphinium anthriscifolium 15
Desmodium podocarpum
ssp. *oxyphyllum* 83
Dianthus superbus var. *longicalycinus* 38
Dicentra spectabilis 18
Dioscorea japonica 241
Duchesnea chrysantha 77
Eichhornia crassipes 208
Eleusine indica 198
Elymus tsukushiense var. *transiens* 196
Epimedium grandiflorum 17
Eragrostis ferruginea 197
Erigeron annuus 163
Erigeron karvinskianus 162
Erigeron philadelphicus 163
Erythronium japonicum 218
Fagopyrum dibotrys 53
Fallopia multiflora 51
Farfugium japonicum 158
Galinsoga quadriradiata 151
Galium spurium var. *echinospermum* 144
Gaura lindhermeri 92
Gentiana squarrosa 109
Geranium carolinianum 101
Geranium nepalense ssp. *thunbergii* 102
Glechoma hederacea ssp. *grandis* 127
Glycine max ssp. *soja* 87
Gnaphalium affine 168
Gnaphalium japonicum 168
Gnaphalium spicatum 167
Gymnocoronis spilanthoides 169
Helianthus strumosus 152
Hemerocallis fluva var. *kwanso* 213
Hemerocallis fulva var. *longituba* 212
Hosta sieboldiana 214
Houttuynia cordata 10
Humulus japonicus 21
Hypericum perforatum
var. *angustifolium* 55
Hypochoeris radicata 171
Impatiens balsamina 103
Impatiens textori 103
Imperata cylindrica 203
Ipheion uniflorum 216
Ipomoea lacunosa 118
Ipomoea triloba 118
Iris ensata 236
Iris germanica 238
Iris japonica 233
Iris laevigata 234
Iris pseudacorus 237
Iris sanguinea 235
Ixeris debilis 174
Ixeris dentata 175
Juncus tenuis 184
Justicia procumbens 140
Lamium amplexicaule 128
Lamiun purpureum 129
Lampranthus spectabilis 33
Lepidium virginicum 68
Lespedeza striata 83
Leucanthemum vulgare 166
Lilium auratum 220
Lilium formosanum 221
Lilium lancifolium 219
Linaria bipartita 133
Linaria canadensis 133
Lindernia crustacea 138
Liriope platyphylla 209
Lolium multiflorum 189
Luzula capitata 185
Lychnis coronaria 38
Lycoris radiata 229
Lycoris sanguinea 230
Lycoris squamigera 231

学名索引

Acalypha australis 93
Acanthus 140
Achyranthes bidentata var. *tomentosa* 27
Acorus gramineus 178
Adonis amurensis 16
Agapanthus africanus 217
Ajuga decumbens 124
Ajuga reptans 125
Allium tuberosum 216
Aloe arborescens 215
Alopecurus aequalis 191
Althaea rosea 56
Amaranthus lividus var. *ascendens* 28
Ambrosia artemisiifolia 147
Ambrosia tifida 147
Ampelopsis brevipedunculata
var. *heterophylla* 96
Amphicarpaea bracteata ssp. *edgeworthii*
var.*japonica* 87
Andropogon virginicus 202
Anemone flaccida 13
Antenoron filiforme 45
Aptenia cordifolia 32
Aquilegia flabellata 14
Arisaema thunbergii ssp. *urashima* 179
Artemisia princeps 165
Aspidistra elatior 224
Aster ageratoides ssp. *ovatus* 156
Aster tataricus 156
Astragalus sinicus 82
Avena fatua 192
Basella rubra 34
Begonia evansiana 66
Bergenia stracheyi 74
Bidens frondosa 148
Bletilla striata 244
Boehmeria niponoivea 22
Brassica 69
Briza maxima 188
Bromus catharticus 196
Calanthe discolor 245
Calystegia japonica 117
Campanula punctata 143
Capsella bursa-pastoris 68
Cayratia japonica 97
Celosine argentea 29
Celosine cristata 29
Centaurea cyanus 170
Cephalanthera falcata 242
Cerastium glomeratum 36
Chamaesyce maculata 95
Chamaesyce nutans 94
Chelidonium majus var. *asiaticum* 19
Chenopodium ambrosioides
var. *pubescens* 26
Chenopodium centrorubrum 25
Chenopodium serotinum 25
Cleome hassleriana 67
Clivia miniata 227
Coix lacryma-jobi 206
Commelina communis 182
Convallaria majalis 223
Conyza canadensis 161
Conyza sumatrensis 160
Coreopsis lanceolata 149
Corydalis incisa 18
Cosmos bipinnatus 150
Cosmos sulphureus 150
Cymbalaria muralis 132
Cymbidium goeringii 247

モモイロキランソウ　124
モンテンジクアオイ　100
モントブレチア　240

【ヤ　行】
ヤイトバナ　145
ヤエムグラ　144
ヤクナガイヌムギ　196
ヤグルマギク　170
ヤグルマソウ　170
ヤセウツボ　139
ヤハズソウ　83
ヤハズノエンドウ　84
ヤハズハギ　83
ヤブガラシ　97
ヤブカンゾウ　213
ヤブケマン　18
ヤブジラミ　105
ヤブヘビイチゴ　77
ヤブマメ　87
ヤブミョウガ　181
ヤブラン　209, 247
ヤマイモ　241
ヤマゴボウ　23
ヤマトナデシコ　38
ヤマノイモ　241
ヤマホオズキ　113
ヤマホタルブクロ　143
ヤマモモソウ　92
ヤマユリ　220
ヤリクサ　191
ヤリクサヨシ　193
ユウゲショウ　24, 91
ユウレイバナ　229
ユキノシタ　75
ユメノシマガヤツリ　186
ヨウシュヤマゴボウ　23
ヨウラクソウ　66
ヨガワリグサ　161
ヨシ　195
ヨジソウ　31
ヨシノユリ　220
ヨメナ　156
ヨモギ　165

【ラ　行・ワ　行】
リュウノヒゲ　210
ルコウソウ　119
レンゲ　12, 82
レンゲソウ　82
ワカシュウスミレ　58
ワスルナグサ　122
ワスレグサ　213
ワスレナグサ　122
ワルナスビ　114

ヘラオオバコ　131
ペラペラヨメナ　162
ペラペラヒメジョオン　162
ペンペングサ　68
ホウコグサ　168
ボウシバナ　182
ホウセンカ　103
ホウゾウバナ　82
ホウライジユリ　220
ホオズキ　115
ポーチュラカ　30
ホクロ　247
ホシアサガオ　118
ホソバテッポウユリ　221
ホソムギ　189
ホタルグサ　182
ホタルブクロ　143
ボタン　54
ホテイアオイ　208
ホテイソウ　208
ホトケノザ　128
ホトケノツヅレ　128
ホトトギス　211
ホナガイヌビユ　28
ホリーホック　56
ホロシ　112
ホンカンゾウ　212

【マ　行】

マーガレット　166
マカラスムギ　192
マクズ　86
マツバウンラン　133
マツバギク　33
マツバボタン　30
ママコノシリヌグイ　46, 48
マメアサガオ　118
マメグンバイナズナ　68
マヤラン　246
マルコバ　130
マルスゲ　187
マルバルコウソウ　119
マンジュシャゲ　229
ミコシグサ　102
ミズガラシ　70
ミズスゲ　212
ミズヒキ　45
ミズヒキグサ　45
ミズヒマワリ　169
ミゾソバ　47
ミチシバ　197, 200
ミチヤナギ　44
ミツバツチグリ　76
ミドリハコベ　35
ミミナグサ　36
ミヤコワスレ　157
ミヤマヨメナ　157
ムシトリナデシコ　39
ムスビジョウ　64
ムラサキウンラン　133
ムラサキエノコロ　201
ムラサキカタバミ　98
ムラサキクンシラン　217
ムラサキケマン　18
ムラサキサギゴケ　137
ムラサキツメクサ　81
ムラサキツユクサ　183
ムラサキネズミノオ　199
ムラサキハナナ　71
メイゲツソウ　52
メイジグサ　161
メキシコヒナギク　162
メキシコマンネングサ　73
メヒシバ　198
メマツヨイグサ　89
メリケンカルカヤ　202
モグサ　165
モジズリ　243
モスフロックス　120
モチグサ　165

ハナショウブ　236
ハナダイコン　71
ハナツメクサ　120
ハナツルクサ　32
ハナヅルソウ　32
ハナトラノオ　126
ハナナ　69
ハナニガナ　175
ハナニラ　216
ハナヤエムグラ　144
ハナラン　227
ハハコグサ　168
ハブテコブラ　49
ハマオギ　195
ハマスゲ　186
ハラン　224
バラン　224
ハルシオン　163
ハルジオン　163
ハルノノゲシ　173
ハルリンドウ　109
ハンゲ　180
ハンゲグサ　11
ハンゲショウ　11
パンジー　62
ヒオウギ　233
ビオラ・ソロリア　60
ヒカゲイノコズチ　27
ヒガンバナ　229
ヒゼングサ　19
ヒダリマキ　243
ヒナキキョウソウ　141
ヒナタイノコズチ　27
ヒマラヤユキノシタ　74
ヒメオドリコソウ　129
ヒメガマ　207
ヒメキンギョソウ　133
ヒメコバンソウ　188
ヒメジョオン　163
ヒメスイバ　40
ヒメスミレ　59
ヒメツルソバ　51
ヒメツルニチニチソウ　110
ヒメドコロ　241
ヒメヒオウギズイセン　240
ヒメマツバギク　33
ヒメムカシヨモギ　161
ヒョウソカズラ　145
ヒヨコグサ　35
ヒヨドリジョウゴ　112
ヒルガオ　117
ヒルザキツキミソウ　90
ヒレハリソウ　121
ビロウドゼキショウ　178
ビロードモウズイカ　136
ヒロハギシギシ　42
ビンボウカズラ　97
フウチソウ　197
フウロソウ　102
フォックステイル・グラス　201
フキ　159
フクジュソウ　16
フクベラ　13
フクベライチゲ　13
フシネハナカタバミ　98
ブタクサ　147
ブタナ　171
フタモジ　216
フトイ　187
フフキ　159
フラサバソウ　134
フランスギク　166
フランネルソウ　38
ブンダイユリ　218
ベアデッドアイリス　238
ヘイザンソウ　164
ヘクソカズラ　145
ベニイタドリ　52
ベニバナヒメジョオン　163
ヘビイチゴ　77

テンジクアオイ　100
ドイツアヤメ　238
ドイツスズラン　223
トウギボウシ　214
トウムギ　206
トウロウバナ　143
トキワツユクサ　183
トキワハゼ　137
ドクイチゴ　77
ドクゼリ　104
ドクダミ　10
ドクダメ　10
トンボソウ　30

【ナ　行】

ナガバギシギシ　42
ナガミヒナゲシ　19
ナズナ　68
ナツズイセン　231
ナツハゼ　137
ナデシコ　38
ナノハナ　69
ナヨクサフジ　85
ナンキンアヤメ　239
ナンバンカラムシ　22
ニオイエビネ　245
ニガナ　175
ニシキソウ　94, 95
ニホンサクラソウ　107
ニホンズイセン　228
ニョイスミレ　61
ニラ　216
ニラミグサ　190
ニリンソウ　13
ニワゼキショウ　239
ニワヤナギ　44
ヌカズサ　115
ヌスビトハギ　83
ネコジャラシ　201
ネジバナ　243
ネズミノオ　199
ネズミホソムギ　189
ネズミムギ　189
ノエンドウ　84
ノカンゾウ　212
ノゲイトウ　29
ノゲシ　173
ノコンギク　156
ノシバ　200
ノシュンギク　157
ノハカタカラクサ　183
ノハナショウブ　235, 236
ノハラナスビ　114
ノビル　222
ノブドウ　96
ノボロギク　155
ノマメ　87

【ハ　行】

ハス　12
ハアザミ　140
ハイドクソウ　123
ハイミチヤナギ　44
ハエドクソウ　123
ハエトリソウ　123
ハエトリナデシコ　39
バカナス　113
ハキダメギク　151
ハクチョウソウ　92
ハコベ　35
ハサミグサ　83
ハズミダマ　210
ハゼラン　31
ハチス　12
ハトムギ　206
ハナアオイ　56
ハナアヤメ　235
ハナイバナ　122
ハナガサギク　153
ハナジュンサイ　108

【ナ　行】

【ハ　行】

セッカツメクサ　81
セッチュウカ　228
セトガヤ　191
ゼニアオイ　57
ゼフィランサス　232
ゼラニウム　100
セリ　104
セリバヒエンソウ　15

【タ　行】

タイツリソウ　18
タイワンホトトギス　211
タイワンユリ　221
タカサゴユリ　221
タカノツメ　37
タケニグサ　20
タジイ　52
タソバ　47
タチアオイ　56
タチイヌノフグリ　134
タチオオバコ　131
タチチチコグサ　167
タチツボスミレ　61
タビラコ　122, 172
タマズサ　64
タマズシ　206
タマスダレ　232
タムシグサ　19
ダリグラス　199
タワラムギ　188
ダンダンキキョウ　141
タンポポ　176, 177
タンポポモドキ　171
チ　203
チガヤ　203
チカラグサ　198
チカラシバ　200
チチコグサ　168
チチコグサモドキ　167
チヂミザサ　205
チャヒキグサ　192
チャンパギク　20
チョウジュソウ　16
チョウセンアサガオ　116
チョウチンバナ　143
チョマ　22
チリメンハクサイ　69
ツキミソウ　90
ツシダマ　206
ツタガラクサ　132
ツタノハイヌノフグリ　134
ツタバウンラン　132
ツバナ　203
ツボスミレ　61
ツボミオオバコ　131
ツマクレナイ　103
ツマベニ　103
ツマナシグサ　12
ツメクサ　37, 80
ツユアオイ　56
ツユクサ　182
ツララコ　112
ツリガネソウ　143
ツリフネソウ　103
ツルギキョウ　110
ツルジュウニヒトエ　125
ツルスズメノカタビラ　190
ツルドクダミ　51
ツルナ　32
ツルニチニチソウ　110
ツルボ　222
ツルマメ　87
ツルマンネングサ　72
ツルムラサキ　34
ツルヨシ　195
ツワ　158
ツワブキ　158
テツドウグサ　161
テッポウユリ　221
テンガイユリ　219

サンガイグサ　128
サンカクイ　187
サンカクスゲ　187
サンシキスミレ　62
サンジソウ　31
サンダイガサ　222
シオン　156
ジガイモ　111
シカギク　16
シキンサイ　71
ジゴクノカマノフタ　124
ジゴクバナ　229
ジシバリ　174
シナガワハギ　78
シナダレスズメガヤ　197
ジネンジョウ　241
シバ　200
シバイモ　185
シバクサ　200
シバザクラ　120
シビトバナ　229
シマスズメノヒエ　199
ジャーマンアイリス　238
シャガ　233
シャクチリソバ　53
シャクヤク　54
シャスタデージー　166
ジャノヒゲ　209, 210
シャボンソウ　39
シュウカイドウ　66
ジュウニキランソウ　124
ジュウニヒトエ　124, 125
ジュウヤク　10
ジュズダマ　206
シュッコンソバ　53
シュンラン　247
ショカツサイ　71
シラネイ　184
シラン　244
シロウ　22
シロガネスミレ　58
シロザ　25
シロツメクサ　80
シロネグサ　104
シロバナシナガワハギ　78
シロバナシラン　244
シロバナタンポポ　176, 177
シロバナワルナスビ　114
シロフハカタカラクサ　183
シンツルムラサキ　34
スイセン　228
スイセンノウ　38
スイバ　41
スイモノグサ　99
スカンポ　41, 52
スグサ　99
ススキ　204
スズメグサ　37
スズメノカタビラ　190
スズメノテッポウ　191
スズメノヒエ　185, 199
スズメノマクラ　191
スズメノヤリ　185, 191
スズメムギ　192
スズラン　223
スベリヒユ　30
スミレ　58
セイタカアキノキリンソウ　164
セイタカアワダチソウ　164
セイタカタウコギ　148
セイヨウアブラナ　69
セイヨウアマナ　216
セイヨウオダマキ　14
セイヨウオトギリ　55
セイヨウキランソウ　125
セイヨウジュウニヒトエ　125
セイヨウタンポポ　176, 177
セイヨウフウチョウソウ　67
セキショウ　178
セキショウブ　178

キバナツメクサ　79
キュウリグサ　122
キランソウ　124
キレハマツヨイグサ　88
キンギンナスビ　114
ギンマメ　87
ギンミズヒキ　45
キンラン　242
ギンラン　242
クグ　186
クサイ　184
クサノオウ　19
クサフジ　85
クサマオ　22
クズ　86
クズカズラ　86
クスダマツメクサ　79
クチベニシラン　244
クツナワイチゴ　77
クレオメ　67
クレソン　70
クローバー　80
クロホオズキ　113
クワモドキ　147
クンシラン　227
グンバイナズナ　68
ケアリタソウ　26
ケイトウ　29
ケチヂミザサ　205
ケチョウセンアサガオ　116
ケマンソウ　18
ゲンゲ　82
ゲンノショウコ　102
ゲンペイコギク　162
コアカザ　25
ゴイッシングサ　161
コウブシ　186
コウベナズナ　68
コウライゼキショウ　178
コオニタビラコ　172
コオニユリ　219
コーラルフラワー　31
コガマ　207
ゴギョウ　168
コケリンドウ　109
コゴメギク　151
コゴメツメクサ　79
コゴメバオトギリ　55
コゴメハギ　78
コスミレ　59
コスモス　150
コダチアロエ　215
コナスビ　106
コニシキソウ　95
コバギボウシ　214
コハコベ　35
コバンソウ　188
コヒルガオ　117
コマツヨイグサ　88
コミラ　216
コメツブツメクサ　79
コメヒシバ　198
コモチマンネングサ　72
コンギク　156
コンフリー　121
コンペイトウバナ　47

【サ　行】

サイタズマ　52
サオトメバナ　145
サキワケケイトウ　29
サクラソウ　107
ササバギンラン　242
ササヤキグサ　20
サシモグサ　165
ザトウエビ　96
サナエタデ　50
サフランモドキ　232
サボテンギク　33
サボンソウ　39

オヒジワ　198
オヘビイチゴ　76
オミナエシ　146
オミナメシ　146
オモイグサ　156
オモト　226
オヤブジラミ　105
オランダガラシ　70
オランダゲンゲ　80
オランダミミナグサ　36
オンバク　130
オンバコ　130

【カ　行】
ガウラ　92
カオヨグサ　54
ガガイモ　111
カガチ　115
カガミ　111
カガミグサ　111
カキツバタ　234
カキドオシ　127
カクトラノオ　126
カグラソウ　140
カシュウ　51
ガショウソウ　13
カズサヨモギ　165
カスミグサ　128
カゼクサ　197
カタカゴ　218
カタクリ　218
カタシログサ　11
カタバミ　99
カツラグサ　196
カナダオダマキ　14
カナムグラ　21
カナリアクサヨシ　193
カナリークサヨシ　193
カナリーグラス　193
カニツリグサ　194
ガマ　207
カマクラゼキショウ　178
カモガヤ　188
カモジグサ　196
カヤ　204
カラアイ　29
カラアオイ　56
カラスウリ　64
カラスノエンドウ　84
カラスビシャク　180
カラスムギ　192, 196
カラムシ　22
カワラナデシコ　38
カンイタドリ　51
カンキリグサ　127
カングンソウ　161
ガンジツソウ　16
カントウタンポポ　176, 177
カントウヨメナ　156
カントリソウ　127
カンノンソウ　225
キエビネ　245
キカラスウリ　65
キキョウ　142
キキョウソウ　141
キクイモ　152
キクバエビヅル　96
キクボタン　33
ギシギシ　43
キシュウスズメノヒエ　199
キショウブ　237
キジンソウ　75
キダチアロエ　215
キダチロカイ　215
キチジョウソウ　225
キチジョウラン　225
キツネノカミソリ　230
キツネノマクラ　64
キツネノマゴ　140
キバナコスモス　150

インクベリー　23
ウォーターヒヤシンス　208
ウカイ　65
ウケザキクンシラン　227
ウシノシイ　65
ウシノヒタイ　47
ウシハコベ　35
ウスアカカタバミ　99
ウスベニアオイ　57
ウスベニチチコグサ　167
ウツシグサ　182
ウツマメ　76
ウマブドウ　96
ウラシマソウ　179
ウラジロチチコグサ　167
ウリクサ　138
ウンランカズラ　132
エイザンユリ　220
エゾノギシギシ　42
エノキグサ　93
エノコグサ　201
エノコログサ　201
エビスグサ　54
エビスクスリ　54
エビヅル　96
エビネ　245
エビラハギ　78
エリゲロン　162
オイランソウ　67
オウラン　242
オオアラセイトウ　71
オオアレチノギク　160
オオアワダチソウ　164
オオイ　187
オオイヌタデ　50
オオイヌノフグリ　135
オオオナモミ　154
オオカミグサ　20
オオキツネノカミソリ　230
オオキンケイギク　149
オオケタデ　49
オオジシバリ　174
オオタデ　49
オーチャードグラス　188
オオニシキソウ　94
オオバギボウシ　214
オオバコ　130
オオバジャノヒゲ　210
オオバナクンシラン　227
オオハルシャギク　150
オオハンゴンソウ　153
オオヒレハリソウ　121
オオブタクサ　147
オオベニタデ　49
オオボウシバナ　182
オオマツヨイグサ　89
オオミゾソバ　47
オオムラサキツユクサ　183
オカトトキ　142
オギ　204
オギョウ　168
オシロイカケ　11
オシロイソウ　24
オシロイバナ　24
オダマキ　14
オトギリソウ　55
オトコエシ　146
オトコヘビイチゴ　76
オトメスミレ　61
オドリコソウ　129
オニカンゾウ　213
オニタビラコ　172
オニドコロ　241
オニナスビ　114
オニノゲシ　173
オニノシコグサ　156
オニユリ　219
オノマンネングサ　73
オバナ　204
オヒシバ　198

和名索引

【ア　行】
アイイロニワゼキショウ　239
アイノゲシ　173
アオカモジグサ　196
アオチカラシバ　200
アオビユ　28
アカカタバミ　99
アカガチ　115
アカザ　25
アカツメクサ　81
アカノマンマ　50
アカバナ　91
アカバナムグラ　144
アカバナヤエムグラ　144
アカバナツキミソウ　91
アガパンサス　217
アカンサス　140
アキザクラ　150
アキタブキ　159
アキノウナギツカミ　48
アキノウナギヅル　48
アキノエノコログサ　201
アキメヒシバ　198
アサザ　108
アサツキ　222
アサマソウ　242
アシ　195
アツバスミレ　58
アブラナ　69
アフリカンリリー　217
アマナスミレ　58
アミガサソウ　93
アメリカイヌホオズキ　113
アメリカスミレサイシン　60
アメリカセンダングサ　148
アメリカチョウセンアサガオ　116
アメリカフウロ　101
アメリカヤマゴボウ　23
アヤメ　235
アリタソウ　26
アリノヒフキ　142
アリマソウ　242
アレチウリ　63
アレチギシギシ　42
アレチノギク　160
アレチマツヨイグサ　89
アワバナ　146
イガオナモミ　154
イカリグサ　17
イカリソウ　17
イグサ　184
イシミカワ　46
イタドリ　52
イタリアンライグラス　189
イチゴツナギ　190
イトクリ　14
イトクリソウ　14
イヌキクイモ　152
イヌタデ　50
イヌノフグリ　135
イヌビユ　28
イヌブドウ　96
イヌホオズキ　113
イヌムギ　196
イノコズチ　27
イボクサ　19
イモカタバミ　98
イワイズル　30
イワカズラ　75
イワブキ　75

著者紹介

秋山久美子（あきやま・くみこ）
1945年、神奈川県横浜市生まれ。
八王子自然友の会幹事、（社）全国森林レクリエーション協会認定・森林インストラクター
東京都高尾自然科学博物館（閉館）主催の奥多摩、高尾山、小下沢の植物調査に参加し植物に深く親しむようになる。
現在、読売・日本テレビ文化センター、ＮＨＫ文化センター、各地の自然観察会の講師を務めながら、身近な植物を通して、自然を数倍楽しむ方法を伝えている。

都会の草花図鑑

2006年6月20日　初版第1刷発行

著　者　秋山久美子
発行者　八坂立人
印刷・製本　モリモト印刷(株)

発行所　(株)八坂書房
〒101-0064 東京都千代田区猿楽町1-4-11
TEL.03-3293-7975　FAX.03-3293-7977
郵便振替口座　00150-8-33915
http://www.yasakasyobo.co.jp
E-mail info@yasakashobo.co.jp

ISBN 4-89694-871-8

姉妹編のご案内

都会の木の花図鑑

石井誠治著　本体2000円

公園や街路樹、生垣や庭先で見かける身近な樹木250種あまりを収録。名前の由来やおもしろい性質、ちょっと便利な利用法やお手入れ法など、知って得する情報満載！

都会の木の実草の実図鑑

石井桃子著　本体2000円

公園や街路樹、空き地や庭先などで見かける身近な植物200種あまりを収録。種や果実のもつおもしろい性質や薬効、ちょっと便利な利用法など、知って得する情報満載！

既刊書のご案内

図説 植物用語事典

清水建美著　本体3000円

植物を観察し、見分けるときに必要となる植物用語約1300を取り上げて、具体的な例を挙げながら、その意味や分類上の重要性などをやさしく解説する。豊富な写真と図版を取り入れて初心者にもわかりやすく構成した、植物観察の必携本。

都会のキノコ

大館一夫著　本体1800円

公園の芝生や植え込み、街路樹や住宅地の斜面、川原の土手などなど、わずかに残された自然空間にしたたかに生きるきのこ達の姿を紹介し、街に居ながらにして、きのこを楽しむ方法を伝授する、意外な発見満載本。都会のキノコ百選をカラーで収録。